涌现

AI大模型赋能千行百业

赵永新 ◎ 著

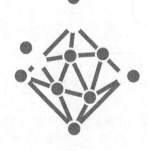

人民邮电出版社

北京

图书在版编目（CIP）数据

涌现：AI大模型赋能千行百业 / 赵永新著. -- 北京：人民邮电出版社，2024.9
ISBN 978-7-115-64205-9

Ⅰ．①涌… Ⅱ．①赵… Ⅲ．①人工智能－研究 Ⅳ．①TP18

中国国家版本馆CIP数据核字(2024)第077894号

内 容 提 要

　　AI 大模型正成为数字经济时代的新质生产力，它将对经济社会的各行各业产生重大影响。本书详细介绍了 AI 大模型在各个领域的无限潜力和广阔前景。从精准农业的种植建议到智能制造的质量控制和精益生产，从医疗诊断的精准高效到文化传媒的智能化创新，从旅游业的个性化服务到教育领域的智能化辅助，从零售业的创新应用到交通运输业的智能化变革，AI 大模型正在深度融入并引领各领域和行业的数字化转型。本书不仅提供全面的行业洞察，而且给出了相关的策略指导和实践指南，助力读者抢占先机，实现高效创新。

　　本书既可作为政府相关部门负责人及企业高级管理人员的参考资料，也可作为人工智能产业相关单位、科研院所人员及高校人工智能相关专业师生的培训用书。

◆ 著　　　　　赵永新
　　责任编辑　秦　健
　　责任印制　焦志炜

◆ 人民邮电出版社出版发行　　北京市丰台区成寿寺路 11 号
　　邮编　100164　电子邮件　315@ptpress.com.cn
　　网址　https://www.ptpress.com.cn
　　北京九州迅驰传媒文化有限公司印刷

◆ 开本：700×1000 1/16
　　印张：14.25　　　　　　　2024 年 9 月第 1 版
　　字数：263 千字　　　　　2025 年 4 月北京第 3 次印刷

定价：59.80 元

读者服务热线：(010)81055410　印装质量热线：(010)81055316
反盗版热线：(010)81055315

随着人工智能（Artificial Intelligence，AI）的迅猛发展，以 GPT-4 为代表的拥有千亿级甚至更大规模参数的 AI 大模型已成为引领未来的战略性技术。这些强大的模型在数据、算法和算力等多重驱动下，不断突破技术的边界，为各行各业带来深刻影响。AI 大模型的崛起并非偶然，而是科技发展的必然结果。在深度学习技术的推动下，AI 大模型经历了从简单到复杂、从局部到全局的演进过程。随着 AI 大模型的广泛应用，我们正逐步迈入一个智能化的新时代。AI 大模型将深刻地改变社会结构和我们的生活方式。AI 大模型的强大之处在于它们能够处理海量数据，从中提取有价值的信息和知识。在数据驱动下，AI 大模型能够挖掘隐藏的模式和规律，为各行业提供精准的决策支持。同时，通过应用深度学习等先进技术，AI 大模型能够自我学习、自我优化，不断提高自身的性能和准确性。这些特性使得它们能够解决复杂的问题，提供个性化的服务，推动各行业的创新和发展。

AI 大模型正在与各行各业深度融合，为传统行业注入新的活力。在农业领域，AI 大模型可以通过分析土壤、气候等的相关数据，为农民提供精准种植建议，从而提高作物产量和质量；在工业领域，AI 大模型可以实现智能制造、质量控制、故障预测等功能，从而提高生产效率和产品质量；在医疗领域，AI 大模型可以协助医生进行疾病诊断、药物研发和个性化治疗方案制订，从而提高医疗效率和患者治愈率。此外，AI 大模型还在教育、文化传媒、零售业、旅游业、交通运输业等领域和行业发挥重要作用，推动各领域和行业的数字化转型与创新升级。

未来，尽管 AI 大模型面临着数据隐私、算法偏见和算法伦理等问题，但 AI 大模型将继续推动各领域和行业的发展与变革。它们将帮助我们解决更复杂的问题，提供更精准的服务，创造更美好的生活。本书将为读者深入介绍 AI 大模型的原理、应用和发展趋势，以及如何应对其带来的挑战和把握其带来的机遇。让我们共同迎接智能新时代的到来！

希望本书能够为从事相关行业的读者，尤其是中高层管理者在帮助行业实现数字化转型，利用 AI 大模型提高工作效率、降低经营成本等方面带来帮助，进而促进经济社会高质量发展。

本书既可作为相关行业从业者的参考资料，也可作为相关单位、高校相关专业师生的培训用书。

由于 AI 大模型刚刚兴起，加上写作时间紧张及作者水平限制等，本书难免有不足之处，欢迎各位读者批评指正。

赵永新

| 作者简介 |

　　赵永新，教授，亚洲数字经济科学院中国区主任，河北金融学院教授，全国优秀创新创业导师，中国自贸区数字资产研究院联席院长，中国移动通信联合会元宇宙产业委员会副主任，中国民营科技实业家协会元宇宙与新质生产力工委高级专家兼副会长，全国高校人工智能与大数据创新联盟数字经济专业委员会副主任，清华大学、浙江大学、厦门大学、东北财经大学 EDP 特聘教授，中国技术经济学会金融科技专家、人力资源和社会保障部区块链应用人才国家职业标准编制专家、中国商业会计学会数字经济专家、全球金融科技实验室专家、北京市社会信用评价技术标准委员会专家。出版《金融科技创新与监管》《区块链推动政府治理现代化》《区块链重塑实体经济》《元宇宙：虚实共生新世界》《元宇宙：实体经济新模式》等多部著作，担任"区块链＋应用"丛书编委会主任、"解密·元宇宙"丛书编委会主任，是全国首部《金融元宇宙白皮书》主要发起人。

资源获取

本书提供如下资源：

- 书中图片文件；
- 本书思维导图；
- 异步社区 7 天 VIP 会员。

要获得以上资源，您可以扫描下方二维码，根据指引领取。

提交勘误信息

作者和编辑尽最大努力来确保书中内容的准确性，但难免会存在疏漏。欢迎您将发现的问题反馈给我们，帮助我们提升图书的质量。

当您发现错误时，请登录异步社区（https://www.epubit.com），按书名搜索，进入本书页面，点击"发表勘误"，输入勘误信息，点击"提交勘误"按钮即可（见下图）。本书的作者和编辑会对您提交的勘误信息进行审核，确认并接受后，您将获赠异步社区的 100 积分。积分可用于在异步社区兑换优惠券、样书或奖品。

与我们联系

我们的联系邮箱是 contact@epubit.com.cn。

如果您对本书有任何疑问或建议，请您发邮件给我们，并在邮件标题中注明本书书名，以便我们更高效地做出反馈。

如果您有兴趣出版图书、录制教学视频，或者参与图书翻译、技术审校等工作，可以发邮件给我们。

如果您所在的学校、培训机构或企业，想批量购买本书或异步社区出版的其他图书，也可以发邮件给我们。

如果您在网上发现有针对异步社区出品图书的各种形式的盗版行为，包括对图书全部或部分内容的非授权传播，请您将怀疑有侵权行为的链接通过邮件发送给我们。您的这一举动是对作者权益的保护，也是我们持续为您提供有价值的内容的动力之源。

关于异步社区和异步图书

"异步社区"是由人民邮电出版社创办的 IT 专业图书社区，于 2015 年 8 月上线运营，致力于优质内容的出版和分享，为读者提供高品质的学习内容，为作译者提供专业的出版服务，实现作者与读者在线交流互动，以及传统出版与数字出版的融合发展。

"异步图书"是异步社区策划出版的精品 IT 图书的品牌，依托于人民邮电出版社在计算机图书领域四十余年的发展与积淀。异步图书面向各行业的信息技术用户。

第1章 巨变的序幕

第2章 AI 大模型三要素：数据、算法与算力

第 3 章 AI 大模型与农业：智能农业的新篇章

第 4 章 AI 大模型与工业：智能制造的新碰撞

第 **5** 章

AI 大模型与教育：个性化教育的新时代

第 **6** 章

AI 大模型与医疗健康：智慧医疗的新纪元

第7章

AI 大模型与文化传媒：创意产业的智能化革新

AI 大模型与旅游：旅游业的沉浸式体验

AI 大模型与零售：零售业的新跃升

参考文献

第 1 章

巨变的序幕

在当今科技飞速发展的时代背景下，人工智能（Artificial Intelligence，AI）对经济社会的影响与日俱增。AI 是一门涉及计算机科学、统计学、数学、心理学等多个学科的交叉学科，旨在研究和开发智能机器与系统，使之能够模拟和实现人类的智能行为。作为 AI 的重要体现，AI 大模型的崛起受到广泛关注。要完整地理解 AI 大模型的演变，我们需要追溯到 20 世纪 50 年代。

1.1

AI 大模型的演变

1.1.1 图灵测试：人工智能诞生

图灵测试（Turing Test）是一种测试人工智能智能程度的方法，它以英国逻辑学家、数学家艾伦·图灵（Alan Turing）的名字命名。1950 年，图灵在论文"Computing Machinery and Intelligence"中提出图灵测试的思想。

1. 图灵测试的基本原理

如果一台机器能够与人类进行对话，而人类无法分辨出这台机器和一个真实的人之间的区别，那么可以认为这台机器具备智能。图灵测试的意义在于检验人工智能的水平和进展，并且为人工智能研究提供一个目标和标准。图 1-1 展示了图灵测试的原理。

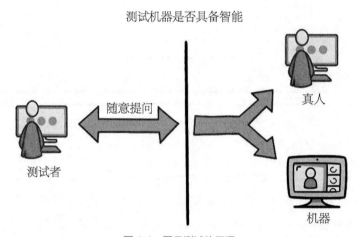

图 1-1　图灵测试的原理

图灵测试的原理涉及模仿和误导两个方面。首先是模仿，即机器能够模仿人类的思维和行为，并与人类进行对话。图灵认为，如果一台机器能够回答一些一般性的问题，如"你喜欢什么样的音乐？""你怎么看待人类的情感？"等，而且在回答中表现出智能和情感的特质，那么可以认为这台机器具备智能。这需要机器能够理解问题的含义，正确推断问题的答案并回答，同时表现出类似人类的态度、情感和思维方式。

其次是误导，即机器可以利用各种方法来隐藏自身的机械本质，比如使用复杂的语言模型、回避一些难以回答的问题、调侃人类、与人类开玩笑等，以此来迷惑人类的判断。图灵认为，误导是测试机器的智能程度的一个重要手段，因为如果一台机器能够以与人类相似的方式误导人类，使人类无法准确判断其真实性，那么这台机器更接近具备智能。为了达到误导的效果，机器需要具备一定的智能和灵活性，能够理解人类的语言、情感和社交规则，以及准确把握对话的上下文。

例如，小明、小红和小刚3人参加一场游戏。小刚被隔离在一个密闭房间中，他只能通过两台打印机分别与小红和小明进行交流。然而，小刚并不知道打印机背后的回答者是谁。游戏的目的是让小刚在游戏结束后，根据提问和回答的记录，猜测出哪台打印机背后的回答者是小红，哪台打印机背后的回答者是小明。小红希望尽量帮助小刚猜出自己的身份，而小明则希望尽量干扰小刚的判断。由于小明可能会故意模仿小红的回答来干扰游戏进程，因此这个游戏被称为模仿游戏。

如果将人类小明替换为机器小明，并让机器小明通过预先设定的程序模仿小红并回答小刚的问题，这个游戏仍然可以进行。图灵在他的论文中提出了一种通过用机器代替人类来判断机器是否具备智能的方法：通过观察小明等角色回答错误的概率是否显著提高来判断这台替换的机器是否具备智能。

虽然图灵测试作为一种简单的思想实验存在许多缺陷，但它第一次让人们能够确切地想象出具备智能的机器是什么样子的，而不是仅停留在科幻的虚无中。这为后世围绕人工智能的科学实践提供了重要的方向指引。

2. 图灵测试的意义

图灵测试作为一种重要的测试人工智能智能程度的方法，不仅可以帮助人们了解机器的智能水平，还可以促进人工智能领域的发展。图灵测试的重要意义如下。

- 图灵测试是一个智能的检验标准，通过评估机器与人之间的对话交互能力，判断机器是否具备智能。这有助于界定人工智能的边界和范畴，帮助人们了解目前人工智能技术的进展和水平。图灵测试为人工智能的研究提供了一种明确的目标和标准，促使科学家和研究人员不断努力开发更加智能的算法和系统，使机器在模拟人类思维和行为的能力上更加接近真人。
- 图灵测试为人工智能的发展提供了目标和动力。作为测试工具，图灵测试可以激励科学家和研究人员不断提升人工智能的智能水平，努力让机器能够更好地模仿和误导人类。通过与机器进行交互的实验和研究，可以发现和应对人工智能的一些瓶颈和挑战，推动人工智能的突破和创新。

- 图灵测试具有一定的实践意义。它可以评估人工智能产品的质量和性能，便于用户对其进行选择。通过对产品进行图灵测试，可以了解其与用户之间的交互体验是否真实、自然，了解其是否足够智能、能否满足用户的需求。这有助于开发人员改进和优化产品，提高用户体验和满意度。

- 可将图灵测试用于语音识别、自然语言处理等领域的算法研究和评估，推动这些领域相关技术的发展与应用。通过图灵测试，可以评估和比较不同的算法和系统在交互中的表现和性能，指导研究和实践的方向，推动相关技术的创新和进步。

1.1.2 达特茅斯会议：人工智能起步

1956 年 8 月，在美国汉诺斯小镇的达特茅斯学院中召开了人类史上第一次人工智能会议——达特茅斯会议。计算机科学、语言学、心理学等不同学科的科学家，如 John McCarthy（Lisp 语言发明者、图灵奖得主）、Marvin Minsky（人工智能与认知学专家）、Claude Shannon（信息论的创始人）、Allen Newell（计算机科学家）、Herbert Simon（诺贝尔经济学奖得主）等，聚在一起开了这次为期两个月的会议。

1. 达特茅斯会议的主要讨论内容

达特茅斯会议主要讨论了如下内容。

（1）人工智能的定义和研究领域

在达特茅斯会议上，科学家们对人工智能的定义进行了非常重要的讨论。他们认为，人工智能是一种能够模拟和实现人类智能的技术。人工智能的研究领域涉及语言处理、问题求解、学习、推理和感知等方面。他们提出，通过研究和开发智能系统和机器，可以使计算机具备解决复杂问题的能力。

（2）人工智能的目标和挑战

科学家们也讨论了人工智能的目标和挑战。他们希望通过研究和开发人工智能，实现计算机的自主学习和推理能力，使其能够执行智能型任务，并解决复杂的现实世界问题。然而，在达到这个目标之前，科学家们面临着许多技术和理论上的挑战，如知识表示、推理、自然语言理解等。

（3）人工智能的研究方法和技术

在达特茅斯会议上，科学家们还讨论了人工智能的研究方法和技术。科学家们认识到，为了实现人工智能的目标，需要开发具体的研究方法和技术。他们提出了一种名为"推理方法"的技术，它利用逻辑推理和符号处理来模拟人类的思考过程。此外，他们还探讨了机器学习、神经网络等技术的应用。

2. 达特茅斯会议的意义

达特茅斯会议的召开标志着人工智能正式作为一个独立的学科产生。这次会议在人工智能的发展史上具有重要的意义，主要如下。

- 推动了人工智能的研究和发展。达特茅斯会议为人工智能的研究和发展提供了一个重要的平台。会议汇集了来自不同领域的科学家和研究人员，推动了关于人工智能研究的合作和跨学科交流。会议的召开不仅增强了人工智能研究人员之间的合作，也促进了人工智能技术的发展。
- 建立了人工智能的核心概念和方法。在达特茅斯会议上，科学家们讨论了人工智能的核心概念和方法，如推理、知识表示、学习等。这些概念和方法成为后来人工智能研究的基础，并对人工智能的发展产生了深远的影响。例如，在推理方面，会议上提出的"推理方法"成为后来逻辑推理和符号处理的重要技术基础。
- 激发了人工智能研究的热潮。达特茅斯会议的召开激发了人工智能研究的热潮。会议后不久，许多科学家和研究机构开始在人工智能领域进行深入的研究。
- 引发了对人工智能的社会影响的思考。达特茅斯会议的讨论还引发了人们对人工智能的社会影响的广泛思考。参会的科学家们认识到，人工智能的发展将对社会结构和人们的个人生活产生重大影响。这促使他们开始考虑人工智能的伦理和法律问题，如人工智能的责任和隐私保护等。这对于后来人工智能的发展和应用具有重要的指导意义。

达特茅斯会议对后来人工智能的发展产生了深远的影响，并且会议之后，人工智能领域出现了一批令人瞩目的研究成果，如机器定理证明、跳棋程序等。它们为人工智能的发展拉开了帷幕。

当时，人工智能所面临的主要技术障碍包括3个。一是计算机的性能不足，这使得早期许多程序无法在人工智能领域得到应用。二是人工智能的复杂性高。早期的人工智能程序主要用于解决特定的问题，因为这些问题对象少、复杂性低，一旦问题的维度上升，程序往往无法承受。三是数据量严重不足。在当时，无法找到规模足够大的数据库来支持程序进行深度学习，这导致机器无法读取足够的数据来进行智能化。

1.1.3　人机首次对话：人工智能进步

1966 年，美国麻省理工学院的 Joseph Weizenbaum 开发了一款名为 Eliza 的自然语言聊天机器人。Eliza 首次实现了人机对话，被认为是人机对话的里程碑。Eliza 是基于 Rogerian 疗法的原型，旨在模仿心理咨询师与患者之间的对话。Eliza 通过模式匹配和替换技术来生成回复。它根据简单的语法和规则来理解用户输入，然后生成相应的回应。Eliza 能够理解一些关键词和短语，并使用这些信息来提出问题或回应用户的提问。例如，如果用户说"我感到很孤独"，Eliza 可能会提出"你为什么觉得孤独？"这样的问题。

虽然 Eliza 的回应通常是根据预定的模式生成的，它本身并没有真正地理解语义，但它仍然给用户营造了一种与机器交互的感觉。用户对 Eliza 的回应会觉得惊奇和有趣，他们往往会忘记自己实际上在与一个程序交流。

Eliza 推出后迅速受到广泛的关注和热议。它被认为是人工智能潜力的一个重要示例，引发了许多人对人机对话的探索和讨论。Eliza 被视为后来聊天机器人和虚拟助手的先驱，对今天的自然语言处理和人工智能应用产生了深远的影响。

尽管 Eliza 在技术上非常有限，但它开创了人机对话的新纪元。它对人们认识人工智能的潜力和局限性起到重要的启示作用，并为后来的研究工作奠定了基础。人机对话的发展不断推进，如今已经有了更先进、更智能的聊天机器人，这些聊天机器人能够更好地模拟人类对话和理解语义。

近年来，随着人工智能技术的不断发展和进步，人机对话技术成为人工智能领域的热点之一。众多科技公司纷纷推出了人机对话技术的相关产品，并将人机对话技术作为其重点研发方向。这些公司的研发团队不断探索和创新，力图打造出更加智能化、自然化的人机交互体验。在这些科技公司的产品中，比较具有代表性的有 Google 公司的 Google Assistant 和 Apple 公司的 Siri 等。这些产品采用了自然语言处理技术、语音识别技术、语义理解技术等核心技术，实现了人机之间的自然对话和交互。用户可以通过语音、文字等方式与这些产品进行交流。例如，可以提出问题、查询信息、定制提醒等，它们则能够迅速做出反应，提供准确的信息和服务。

在这些产品中，Siri 的评价尤其值得一提。Siri 是由 Apple 公司开发的智能语音助手，它能够与用户进行自然语言对话，帮助用户完成各种任务。对于 Eliza，

Siri 评价道："Eliza 是一位心理医生，它是我的启蒙老师。"Siri 通过学习 Eliza 的对话模式和语言风格，逐渐成长为现在的智能语音助手。从 Siri 的评价可以看出，人机对话技术的发展离不开早期对聊天机器人的探索和得到的启蒙。这些聊天机器人不仅为后来的自然语言处理技术的发展奠定了基础，还启发了人们对于人机交互模式的思考和创新。如今的人机对话技术已经取得了长足的进步，但还有很多问题需要解决和探索。例如，如何提高人机对话的准确性和流畅性、如何实现更加智能化的自然交互等。科技公司和研究团队将继续在人机对话上进行探索和创新，为人类带来更加智能化、自然化的人机交互体验。

1.1.4　左右手互搏：AI 首次战胜人类

1. 超级计算机深蓝战胜人类国际象棋冠军

1997 年 5 月，IBM（International Business Machines, 国际商业机器）公司研发的超级计算机深蓝与当时的国际象棋冠军 Garry Kasparov 进行了 6 局比赛。最终，深蓝以 3.5 : 2.5 的比分战胜了 Kasparov，成为历史上第一个在标准比赛时限内击败人类国际象棋冠军的计算机系统。深蓝是一台采用分布式计算技术的超级计算机，它拥有 1000 多颗处理器和每秒 2 亿次的计算速度。它采用了基于规则的专家系统、人工神经网络、遗传算法等多种人工智能技术，通过学习大量的国际象棋棋谱和人类专家的棋局分析资料，不断优化自身的棋局判断和决策能力。此外，深蓝还采用了机器学习技术，通过自我对弈来不断提高自身的棋艺水平。在其他领域也有类似的最高荣誉得主，比如 DeepMind 公司的 AlphaGo 等。

深蓝战胜人类国际象棋冠军这个事件显示了计算机的庞大记忆容量、不断提高的算法实力和计算能力，使其具有像人类一样的思维能力、决策能力和战略性思考。相比于人类智慧，人工智能似乎有着能够升级硬件和不停改进算法这些不容忽视的优势。这个事件向人类证明了，当可处理和存储的数据量逐渐增加到一个巨大的量级时，人工智能将会不断发展与进化，而这是人类单靠自身智慧发挥所不能及的。

超级计算机深蓝胜出后，人们开始对计算机在棋谱、图像识别、语音识别和机器人等领域的性能进行深入研究。虽然在这些领域中机器和人类之间具有一定的差别，但和在国际象棋领域中一样，人工智能越发展，机器的性能越卓越。总体而言，人类社会的发展曲线将会随着人工智能技术的普及和应用而不断上扬，并且人工智能对人类社会未来的发展甚至会更有利。

在这个事件中进行的不只是计算机和人类的比赛，更多的是对人工智能和人类智能之间的差异和联系进行探索，从而进一步推动智能科技的发展和进步。我们可以认为，人类智能与人工智能之间的竞争是一个不可避免的发展过程。可以想象的是，随着人工智能技术的不断发展和普及，机器的人类化水平将越发高超，它们不仅有与人类几乎相同的知识技能和智能，还可以根据特殊环境对自身加以调整，进一步提升效率。

这个事件无论是在技术方面还是在伦理和社会方面，都催生了新的思想和讨论。一个更深入的讨论是，随着我们越来越依赖人工智能技术，机器是否会超越人类，拥有自我意识和自主学习能力的自我生成算法？这个问题引起了全球范围内的研究和讨论，有助于我们更好地理解人工智能和社会科技发展之间的相互作用。

超级计算机深蓝战胜人类国际象棋冠军是人工智能发展历程中的里程碑事件，它引发了广泛的讨论和思考。我们需要更深入地了解人工智能的潜力和挑战，以及如何更好地引领人工智能的发展，以推动人类社会的发展和进步。

2. AlphaGo 战胜围棋顶级棋手

AlphaGo 是由 DeepMind 公司开发的人工智能程序，其目标是通过机器学习和深度神经网络来提高机器在围棋方面的表现。AlphaGo 在 2015 年击败了欧洲围棋冠军、世界排名第三的职业棋手樊麾。然而，真正引起轰动的是 2016 年 3 月 AlphaGo 与来自韩国的围棋世界冠军李世石的对决。这次对决吸引了全球数百万人在线观看，也受到全球媒体的关注。人类世界冠军对战人工智能程序的比赛具有里程碑式的意义，被视为人工智能领域的重要突破。

这场比赛的结果是 AlphaGo 以 4∶1 的总比分战胜了李世石，这意味着人工智能在围棋领域已经取得超越人类顶尖棋手的能力。AlphaGo 在这次对决中的胜利不只意味着计算机在游戏上的突破，更反映出人工智能在认知能力和决策能力方面的惊人进展。

围棋这样的游戏规则简单而清晰，但是在实际棋局中存在着无穷无尽的变化和可能性，这使得围棋对于人工智能来说是一个巨大的挑战。在围棋比赛中，棋盘上的每一次走子都会对接下来的棋局产生影响，因此，计算机需要能够理解和评估每一次走子的潜在影响，然后做出决策。AlphaGo 凭借强化学习和深度神经网络技术的结合，成功地应对了围棋这个复杂游戏中的挑战。

AlphaGo 的胜利表明，人工智能在认知能力方面取得了重大突破。它能够通过学习和积累经验，快速而准确地评估并选择最佳的行动方案。与传统的计算机程序不同，AlphaGo 不仅通过计算来寻找最优解，还通过机器学习和模式识别来提升其决策水平。这种基于数据和模式的方法可以使它更好地适应不确定性和复杂性，并且在面对新情况时能够做出更好的决策。

3. AlphaGo Zero 以 100:0 完胜 AlphaGo

AlphaGo Zero 是 DeepMind 公司于 2017 年推出的新版本，引人注目的地方在于它完全是通过自我对弈和自我学习来训练的，没有吸收任何人类专家的知识和经验。相比之前的 AlphaGo，AlphaGo Zero 显著提高了棋力，最终以 100:0 的比分战胜 AlphaGo。AlphaGo Zero 在如下几个方面进行了突破。

首先，AlphaGo Zero 的核心算法是强化学习中的蒙特卡洛树搜索（Monte Carlo Tree Search，MCTS）。蒙特卡洛树搜索是一种智能算法，它可以帮助计算机在复杂游戏中做出最佳决策。

同时 AlphaGo Zero 针对蒙特卡洛树搜索进行了一些改进，使得其搜索更加高效和准确。

具体来说，AlphaGo Zero 采用一种称为"零值有效"的技术来提高蒙特卡洛树搜索的搜索速度。在常规的蒙特卡洛树搜索中，每次搜索都需要让游戏进入最终状态，然后根据游戏胜负结果进行反向传播更新搜索树。但是，在围棋这样的复杂游戏中，到达最终状态需要经历很多步骤，这会导致搜索树的增长非常缓慢。为了解决这个问题，AlphaGo Zero 通过引入零值，即将局面的胜负结果设为随机数，来避免搜索树的过度生长，加快了搜索速度。

其次，AlphaGo Zero 利用了深度卷积神经网络（Convolutional Neural Network，CNN）来学习围棋的策略网络和价值网络。策略网络用于预测在每个棋盘位置上下一步的最佳走法的概率分布，而价值网络用于评估当前局面的胜率。这两个网络协同工作，帮助 AlphaGo Zero 做出更准确的决策。

与 AlphaGo 相比，AlphaGo Zero 的神经网络更加简化和精简。AlphaGo 依赖人类对局的先验知识，使用复杂的特征工程来提取棋局的特征。然而，AlphaGo Zero 通过自学习从头开始，不再依赖人类经验和特征工程，直接从原始棋盘数据中学习。这样做的优势在于，AlphaGo Zero 能够全面理解围棋的局面，并且可以处理领域外的不常见局面。

再次，AlphaGo Zero 使用了自我对弈（Self-Play）的方式来进行训练。它通过与自己进行数百万次对局，不断生成新的训练数据，并根据自身的经验进行学习和优化。这种自我对弈的方式使得 AlphaGo Zero 可以从不断的对局中积累大量的数据，从而提高自己的实力。在每次对局中，AlphaGo Zero 利用蒙特卡洛树搜索来选择下一步的走法，并根据搜索结果进行自我评估和训练。

最后，AlphaGo Zero 通过大规模并行计算的方式进行训练和优化。它利用多个 GPU（Graphics Processing Unit，图形处理器）和 TPU[①] 进行并行计算，以加快训练速度和提高效率。通过这种高效的计算方式，AlphaGo Zero 得以迅速训练出一个强大的围棋 AI，并在 100 场对阵 AlphaGo 的比赛中以全胜的战绩取得了令人瞩目的成绩。

1.2
AI 大模型的智慧涌现

AI 大模型的智慧涌现像一个拥有超级智能的大脑的机器人，它可以自己学习，通过不断试错和调整来提高自己的能力。当这个机器人经过了大量的训练后，它就能够处理复杂的任务，比如识别图像、理解语言等。它可以通过学习海量的图片，来判断图片中的物体是什么；还可以通过学习大量的文字，来理解文章的意思；甚至可以通过学习文化背景、历史背景等一系列信息，来生成具有逻辑和情感的文本。之所以可以做到这些，是因为 AI 大模型的神经网络有数百万甚至数十亿个参数，它可以通过这些参数来处理和分析复杂的信息，并给出正确的答案。

1.2.1　横空出世的 ChatGPT

ChatGPT 是由 OpenAI 公司研发与创造的。OpenAI 公司是由创业家 Elon Musk、美国创业孵化器 Y Combinator 总裁 Sam Altman、全球在线支付平台 PayPal 的联合创始人 Peter Thiel 等于 2015 年在旧金山创立的一家非营利的 AI 研究公司，得到多位硅谷重量级人物的资金支持，启动资金高达 10 亿美元[②]。OpenAI 公司的创立目标是与其他机构合作进行 AI 方面的研究，并开放研究成果以促进 AI 技术的发展。

ChatGPT 的全称是"Chat Generative Pre-trained Transformer"，翻译成

---

① TPU（Tensor Processing Unit，张量处理器）是 Google 公司推出的专门用于加速人工智能计算的处理器，其在低功耗和高计算密度方面具有明显优势。

② 2015 年 1 美元约合 6.2 元人民币。

中文是"聊天生成式预训练变换器"。在 ChatGPT 出现之前，传统的人工智能、机器学习和聊天对话软件的功能主要局限于观察、分析和内容分类以及图像识别等。然而，以 ChatGPT 为代表的新型生成式 AI 实现了一项技术上的重大突破，它能够生成全新的内容，而不局限于分析现有的数据。ChatGPT 的技术核心是生成式 AI。GPT（Generative Pre-Training，生成型预训练）模型是一种自然语言处理（Natural Language Processing，NLP）模型，使用多层 Transformer（变换器）来预测下一个单词的概率分布，通过训练基于大型文本语料库学习的语言模式来生成自然语言文本。GPT-1 到 GPT-4 的智能化程度不断提升。

1. GPT-1 的诞生

2018 年 6 月，OpenAI 公司首次公布了他们的研究成果：一篇名为"Improving Language Understanding by Generative Pre-Training"的论文。在这篇论文中，他们提出了一种全新的模型——GPT-1。它基于 Transformer 架构，使用大量的未标注文本数据进行训练，以学习语言语法、语义和上下文信息。该模型的出现为自然语言处理领域带来了新的突破，基于它能够生成自然、连贯的文本，可将其广泛应用于聊天机器人、智能客服、自动翻译等领域。

2. GPT-2 的进步

2019 年 2 月，OpenAI 公司再次发布了一篇突破性的论文"Language Models are Unsupervised Multitask Learners"。在这篇论文中，他们推出了 GPT-2。与 GPT-1 相比，GPT-2 更进一步，它是一种自然语言生成模型，其目标在于生成与人类语言更为相似的文本，并具备了多任务处理能力。2019 年 7 月，Microsoft 公司向 OpenAI 公司注资 10 亿美元[①]，并得到 OpenAI 技术的商业化授权，将 OpenAI 公司开发的产品与 Microsoft 公司开发的产品深度融合。GPT-2 的出现为自然语言处理领域带来了新的突破，它不仅提高了生成文本的质量和连贯性，而且扩展了应用场景。例如，在智能客服领域，GPT-2 可以帮助企业自动回答用户的问题和解决纠纷；在自动翻译领域，GPT-2 可以实现多种语言之间的互译，促进国际交流和合作；此外，还可以将 GPT-2 用于文本摘要、语音识别等领域。

3. GPT-3 的飞跃

2020 年 5 月，OpenAI 公司再次突破自我，发表了论文"Language Models are Few-Shot Learners"。在这篇论文中，他们详细介绍了 GPT-3。与 GPT-2 相

---

① 2019 年 1 美元约合 6.9 元人民币。

比，GPT-3 的应用场景、模型规模和性能表现都得到显著提升。GPT-3 在生成方面表现出强大的天赋：它可以阅读摘要、聊天、续写内容、编故事，甚至可以生成假新闻、钓鱼邮件或在线进行角色扮演等。另外，它还支持许多其他的自然语言任务，如翻译、问答、语义搜索等。与前两个版本相比，GPT-3 最大的不同在于它采用了更加复杂的架构和训练方法。GPT-3 中的每个神经元都与上一层的所有神经元和下一层的所有神经元连接，这种连接方式使得模型可以更好地捕捉上下文信息。此外，GPT-3 还采用了多任务学习的方式进行训练，使得模型可以同时处理多个不同的任务，从而提高模型的泛化能力。GPT-3 的出现为自然语言处理领域带来了新的突破。基于它可以生成更加自然、连贯的文本，可将它用于更多的应用场景。例如，可以用于自动翻译任务，将一种语言的文本自动翻译成另一种语言的文本；还可以用于语音识别任务，将语音转换成文本；甚至可以用于文本生成任务，根据给定的主题或关键词生成一篇文章或一个故事。

4. GPT-3.5 的新篇章

2022 年 11 月，OpenAI 公司又迈出了新的一步，发布了一个名为 text-davinci-003（常被称为 GPT-3.5）的模型。这个模型的特点在于，它以对话的方式进行交互，不仅可以回答问题，还可以承认自己的错误、质疑不正确的假设以及拒绝不恰当的请求。这一创新使得 GPT-3.5 在自然语言处理领域迈出了新的一步。两个月后，基于 GPT 的 ChatGPT 的全球活跃用户数量突破 1 亿。Microsoft 公司将 ChatGPT 视为新一代技术革命，并将 ChatGPT 整合到 Bing 搜索引擎、Office 全家桶、Azure 云服务、Teams 程序等产品中。

5. GPT-4：更大规模的预训练模型，开启多模态学习时代

GPT-4 嵌入了人类反馈强化学习以及人工监督微调等更先进的技术，因而具备理解上下文、连贯性高等诸多先进特征，解锁了海量应用场景。在对话中，GPT-4 会主动记忆先前的对话内容（上下文理解），并将这些内容用于辅助假设性的问题的回复，因而 GPT-4 可实现连续对话，从而提升交互模式下的用户体验。同时，GPT-4 会屏蔽敏感信息，对于不能回答的内容也能给予相关建议。基于 GPT-4 的 ChatGPT 具备以下系统功能。

- 文本生成：能够生成符合语法和语义规则的文本，可以用于生成文章、评论、对话等。
- 聊天机器人：可以用作聊天机器人，与用户进行交流，回答用户的问题或提供相关信息。

- 语言问答：能够回答各种问题，包括事实性问题、知识性问题、推理性问题等。

- 语言翻译：可以将一种语言的文本自动翻译成另一种语言的文本，方便不同语言之间的交流。

- 自动文摘：可以根据输入的文本生成摘要或总结，方便用户快速了解文章或文档的内容。

- 绘画生成：可以根据用户的文字描述生成相应的绘画作品。

- 代码生成：可以根据用户的指令或代码提示生成相应的代码，方便程序员进行编程工作。

- 视频生成：可以将文本或语音转化为视频，方便用户进行视频制作和编辑。

2024 年 2 月，OpenAI 公司再度发布突破性成果，推出全新模型 Sora。Sora 模型具备将文本线索转化为时长可达 1 分钟的高清视频的能力，从而彰显人工智能在视频生成领域的重要进展。Sora 模型能够生成包含多个角色、特定类型运动以及精确主题与背景细节的复杂视频。该模型不仅理解用户在文本线索中提出的要求，而且能将要求与现实世界中存在的方式相结合，呈现真实的视频效果。为展示 Sora 模型的强大功能，OpenAI 公司在网站上分享了一段由该模型生成的视频。视频中，一对情侣在雪花纷飞的东京街头漫步，樱花花瓣与雪花共舞，营造出浪漫且唯美的氛围。该技术不仅展示了人工智能在理解和创造复杂视觉内容方面的先进能力，而且给内容创作、娱乐和影视制作行业带来了前所未有的挑战和机遇。

6. ChatGPT 生态：自动选择组合各种功能

ChatGPT 借助插件可以连接第三方应用程序。这些插件使得 ChatGPT 能够与开发人员定义的 API（Application Program Interface，应用程序接口）进行交互，自动选择组合各种功能，以完成相应任务。目前 OpenAI 公司提供的 ChatGPT 插件的典型应用如下。

- Web 浏览器插件：ChatGPT 会首先在互联网上搜索问题的相关信息，然后给出具体答案。添加该插件后，ChatGPT 不仅会自己看网页，还能与网站互动。据 OpenAI 公司的相关介绍，现在其他服务（如体育比分、股票价格、新闻等）都成了 ChatGPT 的"眼睛和耳朵"。也就是说，借助 Web 浏览器插件，ChatGPT 可以实时检索网上的最新消息，而不是受限于 2021 年 9 月之前的过时训练数据。

- 代码解释器：在一个沙盒和防火墙的执行环境中添加一个实时的 Python 代码解释器，"动嘴"编程，解决定量和定性的数学问题；进行数据分析和可视化；快速转换文件格式。

● 语义搜索：对个人和组织文件进行语义搜索。OpenAI 公司开源了知识库检索插件的代码，允许用户托管他们自己的数据，并使其在 ChatGPT 内部可访问。使用这一插件可以从数据中获取最相关的文件片段，如文件、笔记、电子邮件或公共文档等。

总之，你可以通过插件，让 ChatGPT 成为完全个性化、可定制的私人助理或公司助理。

随着技术的不断发展，ChatGPT 的发展空间不断拓宽。未来，OpenAI 公司将继续对 ChatGPT 进行优化和升级，以提高其性能并扩展其应用场景。例如，他们可能会增加训练数据和模型参数数量；改进模型的架构和训练方法；引入新的技术手段来提高模型的泛化能力和可解释性等。此外，随着自然语言处理技术的不断发展，ChatGPT 还将应用于更多的领域和场景中，例如，它可能会被应用于智能家居系统中，或者被应用于医疗领域、教育领域中，等等。未来，ChatGPT 将为人类带来更多的便利和创新。

1.2.2　Google 公司的 PaLM-E

PaLM 是 Google 公司发布的参数量达到 5400 亿的大模型，它能够执行常识推理、算术推理、文本解释、代码生成和翻译等任务。PaLM 与思维链提示相结合时，在需要多个步骤推理的数据集上取得了显著的性能提升。之后 Google 公司给出了自己对标 GPT-4 的大模型 PaLM 2。据介绍，他们用了大量数学和科学数据集对 PaLM 2 进行训练，相比 2022 年的 PaLM 模型，PaLM 2 在多语言处理、推理和编码能力上有了很大的提升。根据官方测试，PaLM 2 的部分结果（如数学方面的结果）比 GPT-4 的还要好。Google 公司后来对 PaLM 2 进行算法优化，使得它在体积上比 PaLM 要小，且整体性能更好、计算效率更高。PaLM 2 支持 100 多种不同的语言和 20 多种编程语言（包括 JavaScript、Python、Prolog、Verilog、Fortran 等），支持多模态的 PaLM 2 还能理解和生成音视频内容。

2023 年 3 月，Google 公司与德国柏林工业大学团队联手推出了 PaLM-E。这一史上最大的视觉语言模型拥有高达 5620 亿的参数量（GPT-3 的参数量为 1750亿）。PaLM-E 结合了 PaLM-540B 语言模型与 ViT-22B 视觉 Transformer 模型的优点，并因此而得名。这种结合赋予了 PaLM-E 强大的语言处理能力，同时使得它能从视觉数据中获取信息。

PaLM-E 的一个重要特性是，它借鉴了 Google 公司之前在 ViT-22B 视觉

Transformer 模型上的研发经验，该模型已经接受过各种视觉任务（如图像分类、对象检测、语义分割和图像字幕等）的训练。PaLM-E 的另一重要特性是，它能够将连续观察的图像信息或传感器数据编码为一系列与语言标记大小相同的向量。这一设计使得模型能以与处理语言相同的方式"理解"感官信息，从而允许更自主的机器人控制。将 PaLM-E 集成到控制回路中，可以避免任务执行期间发生中断。例如，在一个视频示例中，尽管研究人员从机器人手中拿走了薯片并移动了它们，但机器人仍能找到薯片并再次抓取它们。

在 AGI（Artificial General Intelligence，通用人工智能）领域中，PaLM-E 的发布无疑是一项重大突破。根据 ChatGPT 项目的主要负责人 John Schulman 的观点，未来几年内，AI 将能够在大多数人类目前从事的工作上表现得比人类更好。

PaLM-E 在实践中的表现令人印象深刻。它能够理解复杂的指令并生成行动计划，以便在没有人类干预的情况下执行任务。例如，给出一个高级指令"把抽屉里的薯片拿给我"，PaLM-E 可以为具有手臂的移动机器人平台生成一个行动计划并让其执行。

此外，PaLM-E 具有弹性，可以对环境做出反应。在另一个示例中，相同的 PaLM-E 可以通过具有复杂序列的任务自主控制机器人，这些任务以前需要在人工的指导下完成。Google 公司的研究论文详细阐述了 PaLM-E 如何将指令转化为行动："我们展示了 PaLM-E 在具有挑战性和多样化的移动操作任务上的性能。机器人需要根据人类的指令规划一系列导航和操纵动作。例如，给出指令'我把饮料弄洒了，你能给我拿点东西来清理吗'，机器人需要规划一个包含'1. 找到海绵，2. 捡起海绵，3. 拿来，4. 放下海绵'的序列给用户。受这些任务的启发，为了测试 PaLM-E 的具身推理能力，我们开发了 3 个用例，可供性预测、故障检测和长期规划。"

PaLM-E 的推出标志着神经网络在机器人控制领域取得了新的进展。Google 公司并不是唯一一个致力于使用神经网络进行机器人控制的研究公司。这项特殊的工作类似于 Microsoft 公司在论文 "ChatGPT for Robotics: Design Principles and Model Abilities" 中所做的工作，该论文提出了类似的将视觉数据和大模型结合起来进行机器人控制的方式。

除了在机器人技术领域的卓越表现以外，Google 公司的研究者还发现了一个有趣的现象，这个现象明显源于 PaLM-E 所依赖的大模型。PaLM-E 展示了正迁移能力，即将从一项任务中学到的知识迁移到另一项任务的能力。与单任务机器人模型相比，PaLM-E 的性能明显更高。更大型的语言模型在视觉语言和机器人任务训练过程中能更好地保持其语言能力。研究发现，模型规模越大，其在视觉语言和机器人任务训练时保持语言能力的趋势越明显。PaLM-E-562B 几乎完全保持了其语言能力。

Google 公司的研究人员计划进一步探索 PaLM-E 在现实世界场景中的应用，如家庭自动化系统或工业机器人。他们希望 PaLM-E 能够激发更多关于多模态推理和具身 AI 的研究热潮。现在，"多模态"这个词变得越来越流行，因为许多公司正在研发能够像人类一样执行一般任务的人工智能系统。PaLM-E 的出现，不仅推动了机器人技术的发展，也为其他领域带来了新的可能性。例如，在智能家居领域，PaLM-E 可以帮助家庭自动化系统更好地理解和执行，从简单的物品识别和分类到复杂的规划和决策的各种任务。

此外，PaLM-E 的强大语言处理能力和视觉感知能力，使其在教育领域也有着广阔的应用前景。通过 PaLM-E，学生们可以以更自然的方式与机器人进行交互，从而获得更丰富、更深入的学习体验。

随着 ChatGPT 的火爆和 GPT-4 的推出，越来越多的公司开始关注自然语言处理领域的大模型技术。我们可以预见，未来这一领域将会持续快速发展，并带来更多的创新和应用。

1.2.3 百度公司的文心一言

百度公司的文心一言是其基于文心大模型技术推出的生成式对话产品，该产品于 2023 年 3 月正式启动邀测。同年 8 月，文心一言向全社会全面开放。在随后的 12 个小时中，文心一言迅速登上 Apple Store 免费应用排行榜首位，成为首个登上应用排行榜榜首的中文 AI 原生应用。

百度公司的文心一言已逐渐发展到能够完成语言理解、语言生成和由文本生成图像等任务，并且它与 ChatGPT 等生成式 AI 技术相似。具体来说，文心一言主要具有以下功能。

- 语言理解。文心一言能够通过分析文本的语法结构和语义关系来理解用户的问题或需求，从而给出相应的回答或解决方案。
- 语言生成。文心一言能够根据用户的需求或要求，生成符合语法规则和语义逻辑的文本，如文章、评论、对话等。
- 由文本生成图像。文心一言能够将文本转化为图像或图形，从而帮助用户更好地理解和可视化相关数据或信息。例如，给出"帮我画深海里的古风女孩，侧脸美颜，甜美微笑"的提示，文心一言可以生成图 1-2 所示的图像。

图 1-2　由文心一言生成的图像

- 自动翻译。文心一言能够自动翻译不同语言之间的文本或对话，从而帮助用户更好地了解不同文化背景下的信息和知识。
- 情感分析。文心一言能够分析文本中所表达的情感倾向和态度，从而帮助用户更好地了解相关话题的背景和情感氛围。
- 问答系统。文心一言能够根据用户的问题或需求，在内部知识库或互联网上搜索相关信息并给出相应的回答或解决方案。
- 智能客服。文心一言能够根据用户的需求或要求，提供相应的客服服务和解决方案，如自动回复、智能推荐等。

1.2.4　科大讯飞星火大模型

科大讯飞股份有限公司（以下简称"科大讯飞"）是我国领先的智能语音技术提供商，自成立以来一直致力于语音技术的研发和应用。

科大讯飞在 2016 年建立了深度学习平台。该平台为星火大模型的研发提供了强大的计算和数据处理能力。第一代星火大模型采用基于注意力机制的编码器和解码器结构，取得了较好的语音识别效果。在第一代星火大模型的基础上，科大讯飞不断对该模型进行优化和创新。随后科大讯飞推出第二代星火大模型。该模型采用更深的网络结构和更复杂的注意力机制，进一步提高了语音识别的准确率和健壮性。同时，科大讯飞也开始将星火大模型应用到更多的场景（如智能客服、语音转写、智能家居等）中。第三代星火大模型采用更深的网络结构、更大的模型尺寸和更高效的训练方法，进一步提升了语音识别的性能。同时，科大讯飞也开始将星火大模型应用到更多的自然语言处理任务（如机器翻译、文本分类、情感分析等）中。

科大讯飞的星火大模型是针对语音识别、语音合成和自然语言处理等任务开发的深度学习模型。星火大模型的主要功能如下。

- 语音识别。星火大模型可以将输入的语音信号转化为文字，实现准确、高效的语音转写。同时，科大讯飞针对不同的应用场景和语料库对模型进行优化，以提高模型的识别率和健壮性。

- 语音合成。星火大模型可以将输入的文字转化为自然流畅的语音，实现文本的朗读和语音合成。与传统的语音合成技术相比，星火大模型合成的语音更加自然、清晰，具有更好的音质和语感。

- 自然语言处理。星火大模型可以完成自然语言处理中的多种任务，如文本分类、情感分析、机器翻译等。通过训练模型，科大讯飞实现了对中文文本的自动分类和情感分析等功能，并取得了较好的效果。

- 声纹识别。星火大模型可以实现声纹识别功能，它能够通过对输入的语音信号进行特征提取和分析，实现对说话人身份的认证和识别。这一功能在金融、安全等领域具有广泛的应用前景。

- 语音唤醒。星火大模型可以实现基于语音的唤醒功能，它能够通过训练模型来识别特定的唤醒词或短语，实现对智能家居、车载娱乐等系统的控制和交互。

1.2.5　阿里云通义千问大模型

通义千问大模型是一款由阿里云开发的先进人工智能助手，其核心功能是提供精准、全面、人性化的语言理解和生成能力。通义千问大模型的设计理念旨在打破人机交互的界限，通过深度学习、自然语言处理、知识图谱等先进技术，实现与用户进行流畅、自然且富有洞察力的对话。

通义千问大模型的核心技术如下。

- Transformer 架构：该模型采用先进的 Transformer 神经网络架构，通过自注意力机制实现对输入文本序列中各位置信息的全局建模，提升了理解和生成复杂语言内容的能力。

- 大规模预训练技术：利用海量互联网文本进行预训练，学习通用的语言表达，提高上下文理解能力。例如，通义千问大模型具有高达 720 亿的参数量，这使得其在各种自然语言任务上具备强大的泛化性能和更高的智能化水平。

- 多模态融合（可能包含此核心技术）：该模型若支持多模态功能，则整合了视觉、语音等多元数据模态的信息，可实现跨模态的语义理解和生成。
- 持续优化与微调：经过不断迭代优化，针对特定任务或场景进行微调，以适应不同领域（如问答系统、对话交互、文档撰写、代码生成等）的需求。

通过这些核心技术的综合运用，通义千问大模型成为国内首批通过官方大模型标准评测，在通用性和智能性上达到高标准要求的模型，它还致力于打造开放的人工智能生态，赋能各行各业数字化转型和智能化升级。

通义千问大模型的应用场景如下。

- 客户服务。可以将通义千问大模型用于客户服务场景，提供 24 小时在线支持和解答。无论是在产品咨询、售后服务，还是在投诉处理、满意度调查方面，通义千问大模型都能够提供高效、专业的服务。
- 教育培训。可以将通义千问大模型用于教育培训场景，提供个性化、智能化的学习辅导。无论是在知识讲解、技能训练，还是在职业规划、心理疏导方面，通义千问大模型都能够提供丰富、多元的资源和支持。
- 媒体传播。可以将通义千问大模型用于媒体传播场景，提供自动化、定制化的内容生成。无论是在新闻报道、评论分析，还是在社交媒体运营、网络营销方面，通义千问大模型都能够提供快速、精准的产出并进行推广。
- 医疗健康。可以将通义千问大模型用于医疗健康场景，提供智能、专业的医疗咨询和健康管理服务。无论是在疾病诊断、治疗方案规划，还是在健康饮食、运动锻炼方面，通义千问大模型都能够提供科学、权威的建议和指导。

1.3

AGI：数字经济时代的新质生产力

生产力与生产关系是社会经济基础的两个重要方面。生产力是指人们创造财富和价值的能力，包括劳动力、资本、技术和管理等因素。而生产关系则是指人们在生产过程中所形成的社会经济关系，包括生产资料所有制、劳动分配、工资制度等方面。

1.3.1　农业经济时代的生产力

农业经济时代是指以农业生产为主要经济活动的时代。此时，土地是主要的生产资料，农民是主要的农业生产者。农业经济时代的生产力主要具有如下特点。

- 手工劳动和使用简单的生产工具。人们依靠简单的农具，如犁、锄头、镰刀等，进行耕种、收割等农业生产活动。由于生产技术较为落后，大部分活动都需要依靠人力来完成，农业生产效率低下。
- 生产力水平受到自然条件的限制。农业生产主要依靠自然条件，如气候、土壤、水资源等。自然条件将直接影响农业生产的结果。例如，在我国古代，黄河的水位直接决定了下游地区的农业收成，如果黄河水位过低，就会导致大面积的旱灾和饥荒。
- 自给自足的自然经济。农业生产的主要目的是满足人们的基本生活需求，如对食物、衣物等的需求。大部分生产活动都是以家庭为单位进行的，生产出来的物品也主要是为了自用。这种自给自足的经济形态在一定程度上限制了农业生产规模的扩大和生产方式的改进。
- 生产力发展缓慢。由于技术水平和自然条件的限制，农业生产的发展速度相对较慢。例如，在中世纪时期的欧洲，农业技术基本上没有什么大的突破，农业生产主要依靠传统的农具和耕种方法。这种情况一直持续到工业革命，自那之后，随着技术的进步和机器的普及，农业生产才得到快速发展。

1.3.2　工业经济时代的生产力

工业经济时代是指以工业生产为主要经济活动的时代。随着工业化进程的不断推进，生产力得到极大提升，机器代替了手工，工厂取代了农田，城市成为经济中心。此时，生产的主要目的是满足市场需求和实现利润最大化。工业经济时代的生产力主要具有如下特点。

- 操作机器和进行大工厂生产。随着蒸汽机、电动机等机器的发明和普及，工业生产逐渐实现了自动化和机械化，生产效率得到极大提高。工厂成为工业生产的主要场所，工人通过操作机器进行生产，大规模、标准化的生产方式使得工业产品更加丰富和多样化。19世纪末20世纪初，美国的汽车、钢铁、石油等产业得到了快速发展，工业生产逐步实现了自动化和机械化。

- 需要大量的资本投入。机器和大工厂生产的普及需要大量的资本投入，资本家成为工业生产的主要投资者，同时，工人也需要获取收入来获得生活资料，资本的循环和积累成为工业生产的重要条件。例如，美国的铁路、钢铁、石油等产业在19世纪末20世纪初获得了大量资本投入，得到了快速发展。

- 产生雇佣关系和阶级矛盾。资本家拥有生产资料并雇用工人进行生产，工人通过出卖劳动力获取收入。这种雇佣关系在一定程度上缓解了人口过剩的问题和就业压力，但也带来了阶级矛盾和劳资冲突。例如，在20世纪初的美国，工人运动和工人罢工事件频繁发生，工人争取权益的斗争不断升级。

- 生产力发展对环境造成破坏。机器和大工厂生产的普及使得能源消耗和环境污染加剧。大量的煤炭、石油等不可再生能源被开采、利用，造成了资源枯竭和环境污染。同时，工业废水、废气、废渣等废弃物的排放也对环境造成了严重的污染和破坏。

1.3.3　数字经济时代的新质生产力

进入数字经济时代，生产力得到进一步提升，信息技术、人工智能、大数据等新技术的广泛应用使得生产效率大大提高，新质生产力出现。新质生产力与传统生产力有着本质的区别，主要体现在涉及的领域较新颖、技术含量较高，并且高度依赖创新驱动。这种生产力代表了生产力的一种质的飞跃，其中，科技创新发挥着核心作用。新质生产力不仅体现在以科技创新推动产业创新，还体现在通过产业升级来构建新的竞争优势，特别是以AI大模型为代表的数字技术使生产力实现了跃升。数字技术改变了传统生产方式，实现了个性化定制和柔性生产，消费者需求得到满足。同时，数字技术使得生产资料的范围得到了扩大，知识、信息和数据等无形的资源也成了重要的生产要素。数字经济时代的生产关系表现为更加灵活和多元化的所有制形式和分配方式，同时，在这个时代中出现了更多的跨界合作和共享经济模式。

AGI是指具有与人类智能相匹敌的智能水平，并能够应对各种不同任务和环境的人工智能系统。基于AI大模型的AGI通过构建一个大规模的、多功能的神经网络模型，模拟和实现人类的智能能力与认知能力，正在成为数字经济时代的新质生产力。

AGI 的主要作用如下。

1. 提升数据分析能力

AGI 在处理大规模、复杂数据方面具备独特优势。传统人工分析往往无法应对数据量庞大、数据维度复杂等问题，而 AI 大模型通过模式识别和自身的学习能力，可以更准确、快速地从海量数据中提取有效信息。使用该模型可以大大提高企业的数据分析能力，从而更好地应对市场变化、优化产品和服务。现在，数据被视为一种重要的资源，在许多行业和领域中都发挥着关键作用。然而，仅拥有大量的数据并不足够，企业需要能够从数据中提取有价值的信息，并以此作为决策的依据。AGI 通过其强大的数据分析能力，为企业提供了一种高效的数据处理工具。通过对海量数据进行深度学习和模式识别，AGI 可以自动发现数据之间的关联和模式，并提供有针对性的分析结果。这种精准的数据分析能力可以帮助企业更好地了解市场趋势和消费者需求，找到市场机会，优化产品和服务，从而提高企业竞争力。

2. 提高决策效率

AGI 可以对大量的市场数据、用户行为数据进行分析，帮助企业制定更科学、准确的决策，例如，利用 AGI 进行销售预测，企业能够更好地掌握市场需求和销售趋势，调整供应链和产品规划等，提高决策效率和企业竞争力。具体而言，可以将 AGI 用于销售预测、需求规划、供应链管理等领域，帮助企业更好地预测市场需求和销售趋势，调整供应链和生产规划，合理化库存，减少浪费，提高资金回报率。例如，零售企业可以利用 AGI 对历史销售数据和市场趋势进行分析，预测不同商品的需求量和价格趋势，从而调整进货计划、促销计划和定价策略。这种基于 AGI 的决策支持系统能够帮助企业更准确、更及时地做出决策，提高决策效率和企业竞争力。

3. 优化生产流程

AGI 可以通过分析企业的生产数据和供应链数据等，识别出生产过程中存在的瓶颈和效率低下的环节，并提出改进策略。这种精细化的生产流程优化能够降低企业的成本和风险，提高生产效率和质量，增强企业的竞争力。在数字经济时代，企业的生产效率和质量是影响企业竞争力的重要因素。然而，传统的生产流程往往存在瓶颈和效率低下的问题，如物料调配不合理、生产线不平衡、供应链延迟等。这些问题不仅影响了企业的生产效率，还可能导致生产成本的上升和质量的下降。AGI 的出现为企业优化生产流程带来了新的机遇。例如，AGI 可以利用实时的传感器数据对生产过程进行监测和分析，提醒企业生产线上出现的故障和问题，并快速给出解决方案。这样，企业可以及时调整生产计划和物料调配方案，提高生产效率和质量，避免付出不必要的成本。

4. 创造新的商业模式

AGI 的出现为企业提供了新的商业模式和增值服务。例如，AGI 可以通过分析消费者的需求，帮助企业定制个性化产品和服务；AGI 还具备自动化生成创意的能力，可以为企业提供更具创新性和差异化竞争的产品和服务。在数字经济时代，消费者的需求越来越多样化和个性化已经成为一种普遍趋势。传统的企业往往很难满足不同消费者的个性化需求，因为其产品和服务通常是按照标准化和批量化的方式来提供的。而 AGI 的出现为企业提供了一种方式来满足不同消费者的个性化需求。AGI 可以通过学习消费者的行为、兴趣和偏好，帮助企业为消费者提供个性化的产品和服务。例如，电商平台可以利用 AGI 分析用户的历史购买记录、浏览行为和社交媒体数据，为用户推荐符合其兴趣和需求的产品，提供个性化的购物体验。这种个性化推荐可以提高用户的购物满意度，增加用户的购买频率和客单价。

5. 推动产业升级和转型

AGI 的出现对于数字经济时代的产业升级和转型具有重要意义。通过应用 AGI，企业能够实现智能化生产和管理，提高生产效率和质量，降低成本和风险。这种智能化的产业升级和转型可以帮助企业在数字经济时代中保持竞争力，并在市场中占据更多的份额。在数字经济时代，智能化生产和管理已经成为企业发展的重要趋势。传统的生产过程往往面临着效率低下、质量不稳定等问题，而 AGI 可以通过分析生产数据和供应链数据，优化生产流程，提高生产效率和质量。例如，制造业企业可以利用 AGI 分析设备的传感器数据和生产线的运行数据，实现设备的故障预测和设备维护的自动化，提高设备的利用率和生产效率。

2024 年 2 月，国务院国有资产监督管理委员会召开"AI 赋能产业焕新"中央企业人工智能专题推进会，推动中央企业积极投身于人工智能领域的发展与布局，以充分发挥其在国家经济发展中的关键作用。会议明确指出，伴随科技的持续创新，人工智能已逐渐成为全球范围内最具影响力和潜力的新兴产业之一。在此情景下，加速推进人工智能的发展，对中央企业而言，不只是一次重要的战略机遇，更是其履行功能使命、培育新质生产力、实现高质量发展的必然需求。

此次会议的召开，为中央企业在人工智能领域的发展指明了方向，并为其在新技术浪潮中抢占先机提供了有力支持。随着中央企业在人工智能领域的积极布局和深入发展，未来将涌现出更多的创新与突破，为我国经济发展注入新的活力。

第 2 章

AI 大模型三要素：数据、算法与算力

大语言模型（Large Language Model，LLM），也称大模型，是一种人工智能模型，旨在理解和生成人类语言。大模型是指具有庞大的参数规模且复杂程度较高的机器学习模型。在深度学习领域，大模型通常是指具有数百万到数十亿参数的神经网络模型。这些模型通常在各种领域，如自然语言处理、图像识别和语音识别等，表现出高度准确和良好的泛化能力。数据、算法与算力是 AI 大模型的 3 个要素。数据提供了模型的原始材料和基础，算法决定了模型的学习能力和泛化能力，算力则提供了处理和运行模型所需的计算资源。这 3 个要素相辅相成，共同推动了 AI 大模型的发展和应用。通过不断优化和提升这 3 个要素，可以提高模型的性能，推动人工智能技术的进步。

2.1

数据：关键要素

数据在 AI 大模型中起着至关重要的作用。AI 大模型是指参数数量很大的深度神经网络模型，如 BERT、GPT 等。这些模型需要使用大量的数据进行训练，以获取丰富的知识和较高的语言理解能力。

2.1.1 数据的内涵

数据就是数值，也就是我们通过观察、实验或计算得出的结果。数据有很多种，其中最简单的就是数字。数据也可以是文字、图像、声音等。可以将数据用于科学研究、设计、查证、数学等。字节是计算机中存储容量的一种计量单位，也是数据存储的基本单位。1 字节等于 8 位。字节是最小的可以独立表示 1 个字符（字母、数字或其他符号）的单位。

计算机存储容量单位一般用字节（Byte）、千字节（KB）、兆字节（MB）、吉字节（GB）、太字节（TB）、拍字节（PB）、艾字节（EB）、泽字节（ZB，又称皆字节）、尧字节（YB）表示。[①]

数据是现实世界信息的数字化表现形式，它承载了事物的属性、状态、关系和行为等各种信息。数据可以表现为数值、文本、图像、声音等多种形态，通过对数据进行采集、处理、分析与挖掘，人们可以从数据中提取有价值的信息和知识，以支撑决策、驱动创新、优化流程及揭示规律。在现代信息技术环境下，数据不仅是科学研究的基础，也是驱动社会经济发展的关键要素之一，在人工智能、大数据分析等领域中尤为重要。

2.1.2 数据生成方式

在人类历史中，从未有过如今这般庞大的数据生成规模。人类社会的数据生成方式大致可分为 3 个阶段——运营式系统阶段、用户原创内容阶段和感知式系统阶段。

第一阶段：运营式系统阶段。数据库的诞生极大地降低了数据管理的复杂性。

---

① 存储容量单位之间的换算关系是：1KB=1024B；1MB=1024KB；1GB=1024MB；1TB=1024GB；1PB=1024TB；1EB=1024PB；1ZB=1024EB；1YB=1024ZB。

在实际应用中，数据库广泛应用于运营式系统，被作为数据管理子系统，例如，作为超市销售记录系统、银行交易记录系统和医院患者医疗记录系统等。人类社会数据量首次大规模增长源于运营式系统的普及。运营式系统生成的数据具有规范性、有序性和一致性的特点，且数据生成方式为被动。

第二阶段：用户原创内容阶段。互联网的出现推动了人类社会数据量的第二次飞跃。而数据爆发式增长实现在 Web 2.0 时代，该时代以论坛、微博等新型社交网络为代表，用户生成数据的意愿强烈。此外，便携式、全天候联网的移动设备使人们更容易在网上表达自己的观点，从而生成数据。这一阶段的数据结构复杂、无序，不具有一致性或仅强调弱一致性，数据生成方式为主动。

第三阶段：感知式系统阶段。人类社会数据量的第三次飞跃促成了大数据的诞生，其根本原因在于感知式系统的广泛应用。感知式系统是一种集成了传感器、处理器和通信模块的智能设备，能够实时监测和收集周围环境的各种信息，并通过数据分析和处理，实现对环境的感知和理解。这些智能设备通常体积小、功耗低、智能化程度高，可以广泛应用于各种场景和领域。随着科技的进步和制造成本的降低，感知式系统的应用越来越广泛。从智能手机、智能家居到智慧城市、工业互联网，微型的带有处理功能的传感器设备遍布各处，形成了一个庞大的感知网络。这些传感器设备无时无刻不在监控整个社会的运行状态，并不断生成新的数据。这些数据的生成是自动的，无须人工干预。每台传感器设备都像一个小小的观察者，持续不断地记录和传输与周围环境的变化相关的数据。这些数据具有多源异构的特点，它们来自不同的设备、不同的领域，具有不同的格式和标准，涵盖了社会生活的方方面面。同时，这些数据分布广泛，不仅在空间上覆盖全球各个角落，也在时间上连续不断，形成了一种动态演化的过程。

这种大规模、高速度、高复杂性的数据生成方式催生出了大数据。大数据是指传统数据处理应用软件无法获取、存储、管理和分析的大的或复杂的数据集。感知式系统生成的数据正好符合大数据的这些特点，需要采用全新的技术和方法进行处理和分析。

2.1.3　数据发展现状

IDC（International Data Corporation，国际数据公司）发布的 *Global DataSphere 2023* 报告显示，我国数据量规模将从 2022 年的 23.88ZB 增长至 2027 年的 76.6ZB，复合年平均增长率达到 26.3%，为全球第一。这一趋势预示着我国数据管理服务市场拥有巨大潜力。在这个数据呈爆炸式增长的时代，政府、媒体、专业服务、零售、医疗、金融等主要机构或行业拥有海量的数据，这些数据带来了巨大的存储治理和分析管理压力，同时为数据管理服务创造了更多的机会，可以通过激活数据来挖掘商业和社会价值。据华为公司发布的《智能世界 2030》报告预测，到 2030 年，人类将迎来 YB 数据时代，对比 2020 年，通用算力将增长 10 倍，人工智能算力将增长 500 倍。这一预测意味着未来的数据处理和分析将更加复杂和精细，需要更高的计算能力和更先进的技术支持。

在《数据中心 2030》报告中，华为公司预测，未来 3 年，全球超大型数据中心数量将突破 1000 个，并将保持快速增长；同时，随着自动驾驶、智能制造、元宇宙等应用的普及，边缘数据中心将同步快速增长（这意味着未来数据中心的数量和规模将不断扩大，以满足不断增长的数据处理和分析需求）。据第三方预测，2030 年部署在企业内的边缘计算节点将接近 1000 万个。这一预测表明未来边缘计算将在企业中发挥越来越重要的作用，帮助企业更好地管理和分析数据，提高决策效率和准确性。

随着数据采集和存储技术的发展，大型互联网公司和研究机构构建了庞大的语料库，为 AI 大模型的训练提供了强有力的支持。以 Google 公司的 BookCorpus 为例，该数据集包含数百万本图书的文本数据，用于训练自然语言处理模型。此外，维基百科等公开数据集也为 AI 大模型的训练提供了丰富的资源。

然而，数据规模的增大并不意味着数据质量的提升。如何提升数据质量一直是 AI 大模型训练面临的一大挑战。由于数据的标注成本高、数据标注可能出错等，数据集中可能存在噪声和错误信息，因此，数据的清洗和筛选变得尤为重要。一些研究机构已经开始致力于数据质量的研究，并且开发了一些数据质量评估和数据修复的方法，以提高训练数据的质量。

为了推动 AI 大模型的研究和应用，一些大型互联网公司和研究机构开始主动共享数据，比如，Google 公司提供 OpenAI 数据集，Meta 公司提供 Common Crawl 数据集等。这些数据集的开放和共享有助于加速 AI 大模型的研究和发展，让更多的研究人员和开发者能够共同参与到 AI 大模型的建设中来。同时，数据共享还有助于解决数据稀缺的问题，增强模型的训练效果和泛化能力。

2.1.4　数据成为数字经济的关键要素

随着数字技术的快速发展，数据已经成为数字经济的关键要素，对经济增长和社会发展具有重要影响。

1. 数据成为数字经济的关键要素的原因

随着互联网、物联网、人工智能等技术的不断发展，产生和收集数据的能力不断提高。人们在工作、生活和社交等各个领域中不断产生大量的数据，同时各种传感器、智能设备等也在源源不断地生成各种数据。这些数据来自政治、经济、文化、社会等各个领域，具有极高的价值。

随着云计算、大数据、人工智能等技术的不断发展，数据处理和分析能力不断提升。通过对海量数据进行快速处理和分析，可以挖掘出非常多的信息和价值，为决策提供更加科学和准确的依据。同时，数据处理能力的不断提升也使得数据的实时分析和响应成为可能，从而更好地满足各种业务需求。随着数字经济的不断发展，数据的价值逐渐被人们所认识和重视。

2. 数据对数字经济发展的作用

不仅可以将数据用于优化生产过程和提高效率，还可以将其用于开发新产品和服务，开拓新市场和商业模式。例如，在互联网领域，通过对用户行为数据的分析可以开发出更加符合用户需求的产品和服务，提高市场占有率；在金融领域，通过对市场数据的分析可以更加准确地评估风险和收益，提高投资效率。随着数字经济的不断发展，数据要素对经济增长的贡献越发突出。同时，数据要素的应用可以提高生产效率、降低成本、优化资源配置等，从而促进经济的增长。统计数据显示，全球主要发达国家数字经济产业增加值在 GDP（Gross Domestic Product，国内生产总值）中的占比已经超过 50%，数据要素已经成为数字经济发展的重要驱动力。数据要素的应用还可以推动产业升级和创新发展。通过对数据进行处理和分析，可以挖掘出更多的客户需求和发展趋势，为企业提供更加精准的市场定位和营销策略；还可以发现新的技术和商业模式，推动产业升级和创新发展。例如，在制造业中，通过对生产数据进行处理和分析可以优化生产过程、提高效率、降低成本等，推动制造业的升级和创新；在服务业中，通过对客户数据进行处理和分析可以更好地了解客户需求和发展趋势，提供更加个性化的服务和产品。

3. 数据要素的未来发展趋势

随着数字经济的不断发展，数据要素市场的需求将会越来越大。未来将会出现更多的数据交易平台和中介机构，为数据要素的流通和交易提供更加便捷和安全的服务。同时还会出现更多的数据分析和挖掘工具，为人们提供更加准确和高效的数据服务。这些都将促进数据要素市场的不断完善和发展。随着数据要素的广泛应用和其价值的不断提升，数据安全和隐私保护的重要性将日益凸显。未来将会出现更多的数据安全技术和隐私保护措施,以保障个人和企业的数据安全和隐私权益。同时政府也将加大对数据安全和隐私保护的监管力度,制定更加严格的与数据安全和隐私保护相关的法律法规。随着数字经济的不断发展,数据要素与其他生产要素的结合将进一步深化。例如,人工智能技术可以与大数据技术相结合,实现更高效的数据处理和分析;区块链技术可以与数据交易平台相结合,实现更加安全和可靠的数据交易等。这些结合将为数字经济发展带来更多的机遇和更大的发展空间。

4. 数据要素上升为国家战略

2014 年,大数据在政府工作报告中首次出现,并从此逐渐成为各级政府关注的焦点。2015 年 9 月,国务院印发《促进大数据发展行动纲要》,正式将大数据上升到国家战略层面。在接下来的几年中,数据不断得到重视和利用,并在党的十九届四中全会上首次被纳入生产要素范畴。在 2021 年 3 月发布的《中华人民共和国国民经济和社会发展第十四个五年规划和 2035 年远景目标纲要》(简称"十四五"规划)中,大数据标准体系的完善被列为发展重点。2022 年 12 月,《关于构建数据基础制度更好发挥数据要素作用的意见》为数据基础制度体系的"四梁八柱"奠定了基础。现在,数据的战略价值已经变得与土地、劳动力、资本和技术的一样高。2023 年 2 月,中共中央、国务院印发了《数字中国建设整体布局规划》(以下简称《规划》)将数据要素放入"数字中国"的宏大图景中。《规划》明确,数字中国建设将按照"2522"的整体框架进行布局,即夯实数字基础设施和数据资源体系"两大基础",推进数字技术与经济、政治、文化、社会、生态文明建设"五位一体"的深度融合,强化数字技术创新体系和数字安全屏障"两大能力",优化数字化发展国内国际"两个环境"。同时,《规划》提出,到 2025 年,基本形成横向打通、纵向贯通、协调有力的一体化推进格局,数字中国建设取得重要进展;到 2035 年,数字化发展水平进入世界前列,数字中国建设取得重大成就。

近年来,我国的数据产业在各方推动下呈现出蓬勃发展的态势。据上海数据交易所的研究报告显示,从 2013 年到 2023 年,我国的数商企业数量已经从约 11 万家增长至约 200 万家。这一趋势凸显了数据开发利用在各行业和领域的巨大潜力。2023 年 10 月,国家数据局正式揭牌。国家数据局将由国家发展和改革委员会管理,负责协调推进数据基础制度建设,统筹数据资源整合共享和开发利用,统筹推进数字中国、数字经济、数字社会规划和建设等。这一新机构的成立无疑将进一步推动数据要素的发展和应用。国家数据局致力于释放数据要素的巨大潜力,将携手相关部门实施一项全面的"数据要素 ×"三年行动计划。该行动计划旨在同时从供给和需求两端入手，尤其关注工业制造、现代农业、商贸流通、交通运输、金融服务、科技创新、文化旅游、医疗健康等关键领域。通过深度理解场景需求、打通流通渠道并提升数据质量，我们将推动数据要素与其他生产要素的有机结合，以催生新兴产业、新业态、新模式、新应用和新治理方式。通过提高各类要素的协同效率，我们可以找到资源配置的最优解，突破产出的边界，创造新的产业和业态，从而实现推动经济发展的乘数效应。数据要素乘数效应的具体表现为：首先，通过协同实现全局优化，从而提高产业运行效率并增强产业核心竞争力；其次，通过"复用"扩展生产可能性边界，释放数据的新价值，并拓展经济增长的新空间；最后，以融合推动量的变化产生质的变化，催生新的应用和业态，并培育经济发展新的增长点。

2.2
算法是 AI 大模型的"大脑"

2.2.1　深度学习：AI 大模型的基石

深度学习（Deep Learning，DL）是机器学习（Machine Learning，ML）领域中一个新的研究方向，它被引入机器学习使其更接近最初的目标——人工智能。深度学习学习的是样本数据的内在规律和表示层次，学习过程中获得的信息对文字、图像和声音等数据的解释有很大的帮助。深度学习的最终目标是让机器能够像人一样具有学习能力和分析能力，能够识别文字、图像和声音等数据。

深度学习采用复杂的机器学习算法，它在语音和图像识别方面取得的效果，远远超过先前相关技术取得的效果。深度学习在搜索技术、数据挖掘、机器学习、机器翻译、自然语言处理、多媒体学习、语音、推荐和个性化技术，以及其他相关领域中都取得了很多成果。图 2-1 展示了人工智能、机器学习、深度学习三者的关系。

深度学习的概念源于人工神经网络的研究，含多个隐藏层的多层感知机就是一种深度学习结构。深度学习通过组合低层特征形成更加抽象的高层表示属性类别或特征，以发现数据的分布式特征表示。深度学习是机器学习的一个子领域，它使用人工神经网络，特别是深度神经网络（Deep Neural Network，DNN）来学习和建模复杂的数据表示。深度学习的目标是让机器能够自动从数据中学习有用的特征，从而改善分类、回归、聚类等任务的性能。

图 2-1　人工智能、机器学习、深度学习三者的关系

　　深度学习的核心思想是层次化的特征表示，这种特征表示通过将低级特征组合成高级特征，让机器能够更好地理解和解释数据。深度学习的模型通常包含多个隐藏层，每个隐藏层由多个神经元组成。这些神经元之间通过连接权重进行信息传递，从而实现对数据的逐步抽象和表达。

　　深度学习的训练过程通常采用反向传播算法，通过调整神经网络的参数来最小化损失函数（预测结果与真实结果之间的误差），从而不断提高模型的准确性和泛化能力。深度学习的训练需要使用大量的数据和计算资源，因此通常需要使用GPU 等高性能计算设备来加速训练过程。

　　深度学习在语音识别、语音合成和机器翻译方面表现出色。在语音识别方面，通过使用深度信念网络对大量 Senone 建模，成功研发出首个应用于大词汇量语音识别系统的上下文相关深层神经网络——隐马尔可夫混合模型，该模型的相对误差率比之前领先的常规模型的低 16% 以上。同时，在语音合成方面，研究人员基于多层感知机提出了语音合成模型，该模型首先将文本转化为输入特征序列，再生成语音参数，最终通过声纹合成语音。在机器翻译方面，K. Cho 等人提出了基于循环神经网络（Recurrent Neural Network，RNN）的向量定长表示模型（RNNenc

模型），其中包含两个循环神经网络：一个将源语言符号序列编码为固定长度的向量，另一个将该向量解码为目标语言的符号序列。此外，深度学习在图像分类和识别方面也展现出强大的实力。Krizhevsky 等人在 ImageNet 大规模视觉识别挑战赛（ImageNet Large Scale Visual Recognition Challenge，ILSVRC）中首次应用卷积神经网络，其训练的深度卷积神经网络在 ILSVRC 2012 中取得了图像分类和目标定位任务的第一名，该网络在图像分类任务中的错误率为 15.3%，远低于第二名的 26.2%；目标定位任务中的错误率为 34%，也远低于第二名的 50%。

在人脸识别领域，基于卷积神经网络的学习方法被广泛应用于户外人脸识别数据库中。香港中文大学的 DeepID 项目和 Meta 公司的 DeepFace 项目的识别准确率分别达到 97.45% 和 97.35%，略低于人类识别的 97.5%。之后，DeepID2 项目将识别准确率提高到 99.15%，超过了所有领先的深度学习和非深度学习算法在 LFW 数据库上的识别准确率以及人类在该数据库上的识别准确率。

2.2.2　自然语言处理

自然语言处理领域是人工智能领域的一个重要子领域，其目标是使计算机能够理解、处理和生成自然语言（人类日常使用的语言，如英语、中文等）。自然语言处理的发展使得计算机能够更好地与人类进行交互，实现自动翻译、语音识别、机器翻译、情感分析等多种应用。自然语言处理技术的基础是对自然语言的深入理解。自然语言具有词汇、语法、句法和语义等多个层面的结构，对于计算机来说，理解这些结构是非常困难的。自然语言处理技术需要联合语言学、统计学、计算机科学等多个学科的知识，通过建立模型和算法来处理自然语言。

自然语言处理领域包含以下任务。

- 在自然语言处理领域，最基本的任务之一是分词（Tokenization）。分词的作用是将一个句子或段落分割成一系列单词或标记，使计算机能够理解句子的基本组成部分。例如，将句子"我爱自然语言处理"分割成"我 爱 自然 语言 处理"。分词是其他自然语言处理任务（如词性标注、命名实体识别等）的基础。

- 词性标注（Part-of-Speech Tagging）的作用是确定给定的句子中的每个单词对应的词性。词性标注可以帮助计算机理解句子的结构和语法，对于后续的自然语言处理任务非常重要。例如，在句子"我 爱 自然 语言 处理"中，词性标注可以确定"我"是代词，而"爱"是动词。

- 命名实体识别（Named Entity Recognition，NER）是指识别文本中的特

定实体，如人名、地名、组织名等。命名实体识别是很多自然语言处理应用（如智能问答系统、信息抽取等）的关键环节。例如，在句子"乔布斯是苹果公司的创始人"中，命名实体识别可以标注出"乔布斯"为人名，"苹果公司"为组织名。

- 句法分析（Syntactic Parsing）的作用是为给定的句子构建一个句法树，以表示句子中词与词之间的句法关系。句法分析有助于计算机理解句子的结构和语义。例如，在句子"我喜欢吃苹果"的句法树中，"我"是主语，与"喜欢"之间是主谓关系。

- 语义分析（Semantic Analysis）的作用是为给定的句子或段落确定其语义内容。语义分析有助于理解句子的含义，对于理解文本的真正意图非常重要。例如，在句子"你有没有明天的会议安排？"中，语义分析可以帮助计算机理解用户询问的是关于会议的信息。

- 机器翻译（Machine Translation）的作用是将一种语言的文本翻译成另一种语言的文本。机器翻译是自然语言处理领域的重要应用之一，也是一个非常具有挑战性的任务，它需要处理语言之间的语法、语义和文化差异。随着深度学习的发展，神经机器翻译（Neural Machine Translation）在机器翻译中取得了显著的进展。

- 情感分析（Sentiment Analysis）的作用是通过对文本进行分析，确定文本中所表达情感的类型和强度。情感分析在社交媒体监测、舆情分析等领域有广泛应用。例如，可以通过对用户在社交媒体上发布的内容进行情感分析，了解用户对某个产品或事件的看法和态度。

- 问答系统（Question Answering System）的作用是在给定一个问题的前提下，从大量文本中找到最相关的答案。问答系统是自然语言处理领域的一个重要应用，对于实现智能助理、智能客服等具有重要意义。

除了以上任务以外，自然语言处理领域还包括文本生成、文本摘要、信息检索等多个任务。近年来，随着深度学习技术的发展，自然语言处理取得了很大的进展。深度学习模型，如循环神经网络和变形的长短期记忆网络（Long Short-Term Memory，LSTM），在自然语言处理任务中取得了显著的性能提升。

自然语言处理仍然面临一些挑战。第一，自然语言的歧义性和多样性使得自然语言处理任务更加复杂。第二，对于某些自然语言处理任务（如机器翻译和文本生成），要生成高质量的文本仍然是一个挑战。第三，缺乏大规模的标注数据也限制了一些自然语言处理任务的发展。为了解决这些问题，研究者们提出了各种各样的模型和算法。例如，可以将生成模型〔如生成对抗网络（Generative Adversarial Network，GAN）和变分自编码器（Variational Autoencoder）〕用于文本生成和快速推理；迁移学习和预训练模型也被广泛应用于自然语言处理任务，通过在大规模的未标注数据上进行预训练，提高模型的泛化能力。未来，自然语言处理技术有望在多个领域（如语音助理、智能客服、智能机器人等）取得更大的突破。随着技术的不断进步，自然语言处理将能够更好地模拟人类对语言的理解和生成能力，为人机交互带来更多的可能。

2.2.3　神经网络架构

神经网络是一种模拟人脑神经系统的计算模型，它通过模拟神经元之间的连接和信号传递过程，实现对数据的分析和处理。神经网络是一个由多个神经元（节点）组成的网络层次结构。每个神经元首先接收来自其他神经元的输入，并通过激活函数对这些输入进行处理，然后生成一个输出。在神经网络中，每个神经元都与其他神经元相连，连接强度由权重表示。这些权重可以根据输入数据和预期输出进行调整，使得神经网络能够学习和适应输入与输出之间的关系。这种学习和适应过程通常是通过前向传播和反向传播来实现的。神经网络的基本结构如图 2-2 所示。

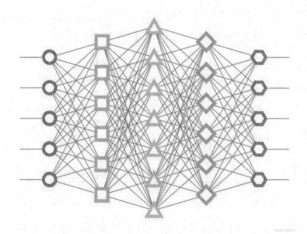

图 2-2　神经网络的基本结构

前向传播是指将输入数据从输入层传递到输出层。在每个神经元中，计算输入信号和权重的加权和，并通过激活函数进行处理。常见的激活函数包括 Sigmoid 函数、ReLU 函数等。激活函数的作用是将输入信号和权重的加权和转化为一个输出值，这个输出值可以被视为下一层神经元的输入。

反向传播是根据误差从输出层向输入层逐层计算每个神经元的误差，并调整权重和偏置值的过程。具体来说，根据计算出的误差对权重的导数，可以确定权重的更新方向和大小。在反向传播中，常用的优化算法包括梯度下降算法和随机梯度下降算法等，它们通过不断调整权重和偏置值来最小化误差，从而使得神经网络的输出结果更加接近预期输出。

除了前向传播和反向传播以外，神经网络还需要进行数据预处理、网络设计和权重初始化等步骤。数据预处理包括对原始数据进行清洗、特征提取、数据归一化等步骤，通过这些步骤可以将原始数据转换为适合神经网络输入的形式。网络设计需要根据具体问题确定神经网络的层数、每层神经元的数量和激活函数等，使神经网络具有学习和适应能力。权重初始化是随机初始化神经网络的权重和偏置值的过程，常用的初始化方法包括 Xavier 初始化方法和 He 初始化方法等。

在训练神经网络时，需要重复进行前向传播、误差计算、反向传播和权重更新的步骤，直到达到一定的训练次数或达到预设的停止训练的条件。在这个过程中，可以使用一些技巧（如批量标准化和 Dropout 等技术）来加速训练过程和提高模型的性能。

训练好的神经网络需要对测试数据进行评估，通过计算神经网络的准确率、精度、召回率等指标来判断神经网络的性能能否满足要求。如果神经网络的性能不能满足要求，需要对神经网络进行调整和优化。可以将训练好的神经网络用于对新的数据进行预测和分类，实现对未知数据的分析和应用。

在实际应用中，还可以采取一些改进和优化的措施，如正则化（Regularization）、批量归一化（Batch Normalization）和 Dropout 等方法，以提高神经网络的性能和泛化能力。同时，还可以使用一些现有的深度学习框架和工具来简化和加速神经网络的训练和应用过程。

2.2.4　迁移学习

迁移学习（Transfer Learning）是一种机器学习方法，通过将已学习的相关任务的知识和经验迁移到新的学习任务中，来改进学习新任务的过程，其核心思想是将为任务 A 开发的知识和模型作为初始点，重新应用于为任务 B 开发的新模型。这种方法允许机器学习模型的知识和经验在不同的任务之间进行转移，从而加快学习速度并提高性能。这种方法不同于传统的针对单个特定任务进行设计和优化的机器学习方法，它关注的是如何利用旧任务的知识来加速新任务的学习。例如，我们可能会发现学习识别苹果的经验可以帮助我们更好地识别梨，或者将学习弹奏电子琴的经验可用于学习弹奏钢琴。这种知识转移的过程就是迁移学习的核心过程。这种方法不仅提高了学习效率，而且解决了传统机器学习方法中模型需要从头开始训练的问题，节省了大量的时间和计算资源。迁移学习在机器学习社区中一直是一个备受关注的话题。虽然已经有许多促进迁移学习的算法被开发出来，但如何更好地应用迁移学习，以及如何设计出更有效的迁移学习算法，仍然是值得持续关注和研究的问题。

对于传统的训练模型，要获得较好的效果，需要大量标注数据。然而，在现实世界中，标注数据是价格非常昂贵且难以获取的，尤其是在一些特定领域中。此时，借助迁移学习可以将从一个领域中学习的知识迁移到目标域中，从而减少标注数据的数量，提高模型的训练效率。

传统的迁移学习主要有两种——基于特征的迁移学习和基于模型的迁移学习。这两种方法都具有各自的特点和适用范围。在迁移学习的实际应用中，通常需要根据具体的任务和数据情况来选择合适的方法。

基于特征的迁移学习是指通过特征变换的方式互相迁移，以减少源域和目标域之间的差距；或者首先将源域和目标域的特征变换到同一特征空间中，然后利用传统的机器学习方法进行分类识别。根据特征的同构性和异构性，基于特征的迁移学习可以分为同构迁移学习和异构迁移学习。图 2-3 形象地表示了两种基于特征的迁移学习。

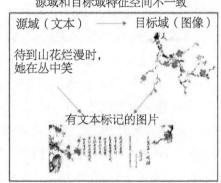

（a）同构迁移学习　　　　　　　（b）异构迁移学习

图 2-3　同构迁移学习和异构迁移学习

基于模型的迁移学习是指从源域和目标域中找到它们之间共享的参数信息，以实现迁移的方法。这种迁移学习要求的假设条件是：源域中的数据与目标域中的数据可以共享一些模型的参数。图 2-4 形象地表示了基于模型的迁移学习的基本思想。

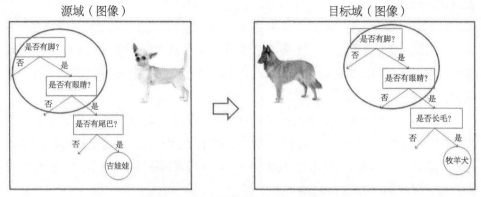

图 2-4　基于模型的迁移学习的基本思想

近年来，随着 Transformer 模型的兴起，基于 Transformer 的迁移学习得到广泛关注和研究。Transformer 是一种基于自注意力机制的神经网络模型，它在自然语言处理和相关领域中取得了很多重要的突破和进展。在迁移学习中，Transformer 模型可以学习源域中的特征和模式，然后将这些特征和模式迁移到目标域中。

一种常见的基于 Transformer 的迁移学习是使用预训练模型。预训练模型是指在大规模的未标注数据上进行训练的模型，通过学习大量的文本数据，预训练模型可以学习丰富的语义表示和语言知识。

预训练模型的训练过程通常包括两个阶段——预训练阶段和微调阶段。在预训练阶段，模型通过学习大规模的未标注数据来构建语言模型，其中，通过自注意力机制和遮蔽语言模型的方式来建模上下文信息和词序关系。在微调阶段，模型通过在目标任务上对标注数据进行训练来调整参数，以便模型能够更好地适应目标任务。

预训练模型的优势在于，它可以从大规模的未标注数据中学习丰富的语义表示和语言知识，从而可以提供更好的初始模型。此外，预训练模型具有很强的泛化能力，可以适应不同的目标任务和领域。因此，预训练模型在迁移学习中被广泛应用于各种自然语言处理任务，如文本分类、命名实体识别、机器翻译等。

基于 Transformer 的迁移学习在自然语言处理领域的各种任务中取得了很多成功的应用。例如，在文本分类任务中，可以使用预训练模型来提取文本特征，然后将这些特征输入分类器中进行分类；在命名实体识别任务中，可以使用共享编码器方法来学习适应不同领域的实体表示；在机器翻译任务中，可以使用共享注意力机制来将源语言的注意力知识迁移到目标语言中。

随着 Transformer 模型的不断发展和改进，基于 Transformer 的迁移学习将在更多的任务和领域中得到应用，并且会进一步推动深度学习的发展。

2.2.5 强化学习

1. 强化学习的基础

强化学习（Reinforcement Learning，RL）是机器学习的一个分支，它致力于研究如何在一个动态的环境中进行决策，以使得智能体获得最大的累积奖励。强化学习主要由智能体（Agent）、环境（Environment）、状态（State）、动作（Action）、奖励（Reward）组成。在智能体执行了某个动作后，环境将会转换到一个新的状态，对于该新的状态环境会给出奖励（正奖励或者负奖励）。随后，智能体根据新的状态和环境给出的奖励，按照一定的策略（Policy）执行新的动作。上述过程为智能体和环境通过状态、动作、奖励进行交互的方式。智能体通过强化学习，可以知道自己在什么状态下，应该采取什么样的动作以使自身获得最大奖励。由于智能体和环境的交互方式与人类和环境的交互方式类似，可以认为强化学习是一套通用的学习框架，可用来解决 AGI 的问题，因此强化学习也被称为 AGI 的机器学习方法。强化学习智能体的交互如图 2-5 所示。

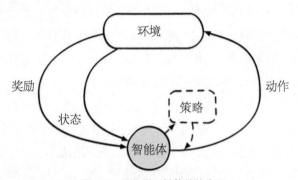

图 2-5 强化学习智能体的交互

强化学习已经在许多领域得到了应用，如控制、游戏、自然语言处理、机器人等。然而，强化学习在应用过程中存在如下一些问题。

- 强化学习需要花费大量的时间来学习一个最优策略。
- 强化学习的学习过程可能会受到噪声的影响，这可能会导致最终的策略并不是最优的。
- 强化学习的学习过程需要不断地与环境进行交互，这可能会导致一些不可预知的问题。

为了解决上述问题，研究人员提出了一种新的强化学习法——基于人类反馈的强化学习（Reinforcement Learning with Human Feedback，RLHF）。这种方法的基本思想是在强化学习的过程中，将人类专家的知识和经验融入智能体的学习中，从而提高智能体的学习效率和性能。

RLHF 的工作原理如下。

- 智能体在学习过程中，通过与环境进行交互，尝试学习一个最优策略。
- 在学习过程中，人类专家会对智能体的行为进行评估，并提供一些反馈信息。
- 智能体根据人类专家提供的反馈信息，调整自己的行为，并不断优化自己的策略。
- 当智能体的策略达到一定的水平时，人类专家可以对其进行终审，判断其是否达到了预期的效果。

2. 人类反馈的作用

通过在强化学习中加入人类反馈，RLHF 能够弥补算法自身的不足，为强化学习提供更为丰富和多维的优化方向。在实际操作中，人类可以通过不同方式影响学习过程。例如，在机器人学习过程中，一个熟练的操作者可以通过遥控来示范特定任务的执行过程，智能体通过这些"专家"演示来加速学习。类似地，在游戏或复杂决策任务中，智能体可能接收到玩家评分，评分能够反映玩家对其执行的动作的满意度。这种即时反馈对于调整和优化策略是至关重要的，因为它能更加直接和准确地反映出智能体的行为是否达到了所期望的目标。

然而，人类反馈不总是一致或可靠的，这给 RLHF 带来了挑战。人类精神状态的波动、个人偏好，以及评价标准的不一致等，这些都可能导致人类反馈的变异性，进而使得智能体从这些人类反馈中学到的策略出现波动或不确定性。此外，过多依赖人类反馈有可能导致智能体过拟合于个别用户的特定反馈或行为模式，而降低任务本身的通用性和智能体的泛化能力。因此，如何有效融合人类反馈以提升智能体的性能，是 RLHF 研究中的关键议题。

3.RLHF 算法

在 RLHF 算法中，人类反馈作为一种额外的信息来源被用来加速或引导智能体的学习过程。其中，人工智能的核心算法大多需要考虑如何将人类反馈有效编码到模型中。这涉及对智能体获得的人类反馈进行量化处理，包括将其转化为具体的奖励值或调整重量，或者建立模型来预测人类的偏好与评价等。在设计时，研究者通常会考虑如何平衡人类反馈和环境奖励、如何避免人类个体的偏差对智能体产生的不利影响，以及智能体如何在不同类型的反馈之间学习到最优策略等问题。

多模式学习也在 RLHF 算法领域内占有一席之地，例如，融合了图像识别技术的 RLHF 算法可使智能体根据人类的图像情绪反馈来调整自己的行为。交互界面的设计也起到非常关键的作用，它不仅需要确保用户能传达精确有效的信息，还需要保障用户操作的简单性和便捷性。算法的设计者需要在人类参与的便捷性和智能体学习的有效性之间寻求平衡。

2.3
算力是 AI 大模型的"心脏"

2.3.1　算力的内涵

在 AI 大模型中，算力是指处理和运行模型所需的计算资源。随着 AI 大模型的规模不断扩大和复杂性不断增加，对算力的需求也越来越高。提升算力可以提高模型的训练速度和推理效率，从而加速模型的研发和应用。

高性能计算是算力的基础。高性能计算是指利用高速计算机和并行计算技术，进行大规模计算和处理的技术。在 AI 大模型中，高性能计算可以显著提高模型的训练速度和推理效率，使其能够处理更大规模的数据和更复杂的任务。高性能计算的发展为 AI 大模型的训练和应用提供了强有力的支持。高性能计算常与高速存储技术结合。在 AI 大模型中，需要处理大量的数据，这些数据通常需要存储在高速存储介质中，以保证快速读 / 写和访问。使用高速存储技术可以使模型在训练和推理过程中更快地读取和处理数据，提高计算效率。传统的硬盘存储方式已经无法满足 AI 大模型的需求，因此，在 AI 大模型中，闪存和固态硬盘等高速存储技术的应用变得越来越普遍。另外，算力还包括分布式计算技术。分布式计算技术可以将计算任务划分为多个子任务，并将子任务分布在不同的计算节点上同时进行计算，以加快训练速度。在 AI 大模型的训练过程中，由于数据集规模庞大以及计算的复杂性较高，通常需要使用多个计算节点进行分布式计算。分布式计算不仅可以提高计算效率，还可以增加计算资源的可用性和容错性。为了实现分布式计算，需要使用高效的通信和调度机制以及分布式文件系统等支撑技术。

2.3.2 算力的类型

算力的类型主要包括硬件算力和软件算力。

硬件算力是指利用高性能计算机、服务器等硬件设备进行计算和处理的能力。硬件算力的提高可以通过升级硬件设备的处理器、内存等部件来实现。例如，可以通过增加计算节点的数量或提升计算节点的配置等方式来提升硬件算力，还可以通过使用专门的加速器或协处理器（如 GPU、TPU 等）来提高模型的计算性能。GPU 在深度学习训练中已经被广泛应用，其能够利用大规模的并行计算单元加速矩阵乘法等重要计算操作。

软件算力是指利用优化的算法和软件工具来提升计算效率的能力。软件算力的提升可以通过优化模型的计算图、减少冗余计算、利用并行计算等技术来实现。例如，通过使用深度学习框架中提供的并行计算功能，可以将模型的计算任务分配给多个计算节点并行处理，以提高计算效率；此外，还可以通过模型剪枝、量化、蒸馏等技术来减少模型的计算量，从而提高计算效率。软件算力的提升需要深入理解深度学习算法和模型，并结合具体的硬件平台进行优化。

2.3.3 算力是驱动 AI 的核心

算力是驱动人工智能产业发展的核心动力。在数据、算法和算力三大要素中，算力是将数据和算法进行硬件执行的基础单元，并且它需要将数据、算法转化为最终的生产力。随着 AI 技术的高速发展和 AI 大模型的广泛应用，AI 算力需求正在快速增长。这种需求的增长速度是非常惊人的，每隔三四个月，AI 所需的算力就会增加一倍。如今，衡量 AI 任务所需算力总量的单位已经进入 PD[①] 时代。例如，特斯拉 FSD（Full Self-Driving, 完全自动驾驶）系统的融合感知模型训练所需的算力当量是 500PD。这个数字可能听起来很大，但实际上，它所代表的只是 AI 算力需求的一小部分。在 AI 大模型时代，AI 领域的"军备竞赛"正在从过去的算法和数据竞争转变为底层算力竞争。这种转变不仅反映了 AI 技术的快速发展，也表明

[①] PetaFlops/s-day（简称 pfs-day 或 PD）用来量化 AI 大模型训练过程中所消耗的算力。其中，PetaFlops/s 指的是每秒千万亿次的浮点运算能力，day 则表示这样的运算能力持续运行一天。

了算力在 AI 发展中的重要性。在这个时代，谁拥有更强大的算力，谁就能够在 AI 领域中取得领先地位。因此，如何破解算力困局、实现算力优化，成为整个行业需要解决的课题，这也是为什么许多公司和组织都在致力于开发更高效的算法和更强大的计算设备，以提供更强大的算力支持。

2.3.4　算力的发展现状

随着 AI 大模型的兴起，AI 算力需求正在快速增长。为满足这一需求，算力不断发展，并取得了许多优秀成果。

首先，在硬件算力方面，计算机硬件技术不断演进。传统的 CPU 已经无法满足 AI 大模型的需求，为了提高计算速度，人们开始使用 GPU 作为计算加速器。GPU 具备进行大规模并行计算的能力，可以显著加速模型的训练和推理过程。不仅如此，一些关键的硬件技术也在持续改进。例如，内存带宽提升、存储器容量扩大等技术的改进，使得算力获得了更强的存储和计算能力；此外，还出现了专门针对 AI 计算的加速器，如 Google 公司的 TPU 和 NVIDIA 的 AI 芯片等，这些加速器具有更高的计算性能和能效比，为 AI 大模型的计算提供了更强大的支持。

其次，在软件算力方面，出现了许多优化算法和工具。深度学习框架如 TensorFlow、PyTorch 等提供了丰富的并行计算功能和算法优化方法，能够提高模型的计算效率。同时，还涌现出了一些专门用于加速 AI 计算的库和工具，如 CUDA、cuDNN 等，它们可以充分发挥硬件设备的计算能力，提高模型的计算速度。此外，由于软件层面取得了一定的进展，还可以通过自动化模型搜索、模型压缩和量化等技术，使得计算需求较高的模型能够在有限的硬件资源下进行高效的训练和推理。

此外，为了满足 AI 大模型的计算需求，一些大型互联网公司和研究机构建立了自己的高性能计算平台。例如，Google 公司建立了 TPU 云平台和开源机器学习硬件平台 OpenAI 等。这些计算平台提供了大规模、高性能的计算资源，为 AI 大模型的训练和应用提供了支持。使用这些平台，开发者可以快速搭建和部署自己的 AI 大模型，并利用强大的算力进行高效训练和推理。

目前，AI 大模型的训练和推理常常需要使用大量的计算资源，并且算力的需求与模型规模的增长呈指数级关系，这对硬件设备和计算平台的能力提出了更高的要求。因此，算力的发展仍然面临着一些挑战和限制，例如成本因素、能耗问题、硬件和软件的匹配问题等。未来，随着技术的进步和创新，相信算力的发展将继续取得重要的突破，为 AI 大模型的研发和应用提供更加强大的支撑。

随着 AI 技术的快速发展，算力成为推动其进步的关键因素。机器学习领域的发展最早可追溯至 20 世纪 50 年代，但直到 2012 年 AlexNet 引发广泛关注，AI 技术才真正开始迅速崛起。在 AI 领域，除了数据集和深度学习框架以外，底层芯片技术也在不断演进。芯片最早使用 CPU 进行训练，随后 GPU/GPGPU 成为标准设备，而专用 AI 芯片（如 Google 公司的 TPU 芯片等）也相继出现。

大模型的背后离不开庞大算力的支撑。这种支撑主要来自硬件与软件两方面。以 Intel 为例，其在硬件层面利用不同的加速器对生成式 AI 进行运算支撑，如第四代 Intel 至强可扩展处理器内置的矩阵运算加速器（Intel AMX）、Intel 数据中心 GPU Ponte Vecchio（PVC）、Gaudi 系列专用 AI 加速器等，在软件层面，Intel 还利用各种软件技术向外提供硬件的计算能力，包括与 TensorFlow、PyTorch、Hybrid Bonding 等开源软件进行广泛合作，以及与 OpenAI 公司、Microsoft 公司合作优化相关 AI 编译器或软件栈等。

随着全球范围内芯片、服务器、超级计算机等行业的发展，全球算力网络市场快速增长。2021 年，我国算力网络市场规模约为 535.18 亿元，同比增长约 55.28%；2022 年，我国算力网络市场规模约为 628.11 亿元。随着人工智能的快速发展，算力需求大幅增长，2023 年，我国算力网络市场规模进一步增长至 753.85 亿元。

2.3.5　破解 AI 的算力困局

AI 的算力困局是一个严峻的问题，因为庞大的算力需求意味着高昂的训练成本。根据 NVIDIA 的数据，GPT-3 需要使用 1024 颗 A100 芯片训练长达一个月的时间，总训练成本约为 460 万美元，而 GPT-4 的训练成本更高，约为 1 亿美元，GPT-5 的训练成本甚至会更高。因此，算力成本是限制 AI 大模型和生成式 AI 发展的重要因素之一。

为了破解这个困局，我们可以从多个方面入手。首先，借鉴 CPU 通用计算领域的发展历程，可以看到提升算力的模型有两种——Scale Up（纵向扩展）和 Scale Out（横向扩展）。Scale Up 是通过各种方式将一台机器的规模扩展到小型机甚至大型机的规模的解决方案，而 Scale Out 是先通过 CPU、内存、存储等商业化部件构建单台服务器，然后复制单台服务器，并将这些服务器以高性能的数据中心网络互联，再结合一些系统层面的技术将其构建成类似小型机的解决方案。利用 Scale Out 的思路，可以维持一个可能包含 CPU、GPU 和高速互联网卡的最小单元，其中不同的芯片器件可以由不同的厂家提供。NVIDIA 的 Grace Hopper Superchip

是目前这种最小单元的代表方案之一。其次，通过分布式方式和高性能、高效的网络将计算单元互联是一种降低成本的可能途径。如今，数据中心的网络延迟已经达到亚微秒级甚至纳秒级，完全具备将计算单元高效互联的能力。再次，可以通过软件来承担一些高可用功能（如容错等），或者寻找第二供应商等措施，有效地降低硬件和软件成本，从而破解 AI 的算力困局。

综上所述，破解 AI 的算力困局需要从多个方面入手。通过进行分布式计算和网络互联、借鉴 CPU 通用计算领域的发展经验、使用高效的软件和寻找第二供应商等措施，我们可以有效地降低 AI 大模型的训练成本，推动 AI 技术进一步发展。

第 3 章

AI 大模型与农业：智能农业的新篇章

从全球范围看，近几十年来，农业发展取得了重大成就，但存在一些问题。AI 大模型在农业领域的应用可以优化农业生产，通过精准决策支持和智能化农业管理，可以提高农产品产量和质量，降低生产成本。利用 AI 大模型相关技术可以实时监测农作物的生长状况，实现自动化播种、施肥、灌溉等作业，提高农业生产效率。随着技术的不断发展，AI 大模型将在农业领域发挥更大的作用，谱写智能农业的新篇章。

3.1

全球及我国农业发展现状

3.1.1 全球农业发展现状

全球农业在过去的几十年中经历了快速的发展和变革。如今，农业生产效率的提高、科技进步以及政策扶持等因素的推动，使得农业成为全球经济的重要支柱之一。然而，全球农业面临着一些挑战，如农业资源紧张和环境问题等。同时，农产品贸易自由化和气候变化给全球农业带来了新的挑战和机遇。

联合国粮食及农业组织发布的《2023 年粮食及农业状况》显示，按照食物不足发生率衡量，2021—2022 年全球饥饿状况基本维持不变，但仍远高于 COVID-19 疫情暴发前的水平。最新估算表明，到 2030 年，全球将有近 6 亿人长期面临食物不足的难题，在实现可持续发展目标关于消除饥饿的具体目标方面，挑战之艰巨可想而知。

3.1.2 我国农业发展现状

1. 农业现代化水平不断提高

我国是一个农业大国，拥有悠久的农业历史和丰富的农业资源。近年来，我国政府加大了对农业的投入，推动了农业现代化进程。通过引进先进技术、推广现代农业机械、发展绿色农业等措施，我国农业生产效率不断提高，农产品质量也在逐步提升。

一是 2023 年全年粮食生产再次取得丰收。粮食供应保障的能力稳步提升。夏粮和早稻的丰收更是为全年粮食稳定生产奠定了基础。大豆种植面积连续 2 年稳定在 1.5 亿亩（1 亩约等于 666.67m²）以上。

二是"菜篮子"工程稳定发展。2023 年前三季度，猪肉产量为 4301 万吨，同比增长 3.6%。9 月末全国能繁母猪存栏 4240 万头，产能较为充裕，后期市场供应有保障。牛羊禽肉全面增产。牛羊禽肉产量为 2673 万吨，增长 4.4%，禽蛋产量为 2552 万吨，增长 2.1%，牛奶产量为 2904 万吨，增长 7.2%，国内水产品产量为 4733.6 万吨，增长 4.8%。蔬菜和水果供给增加。市场运行总体平稳。这不仅满足了人们对各类营养的需求，也带动了农民的收入增长。

三是高标准农田建设和高效节水灌溉面积的扩大，为提高农业生产效率提供了保障；同时，种业振兴行动的深入开展以及农业生物育种重大项目的启动实施，都为我国农业的持续发展注入了新的活力。农机装备补短板取得突破。

四是乡村富民产业的培育和发展取得了显著成效。农副食品加工业的稳定增长以及农业功能价值的不断拓展，都推动了农村产业融合和现代化农业产业园区的建设。这些不仅带动了农民的就业率和收入增长，也有力地推动了乡村经济的发展。

2. 我国农业农村发展存在的问题

近年来，我国农业农村发展取得了显著成就，但仍面临诸多问题。

一是城乡及农村内部双重不平衡加剧。城乡居民人均可支配收入差距较大，农村内部发展不平衡的问题日益显著。一些欠发达地区农村贫困问题突出，基础设施不足，公共服务不均衡。这种发展上的不平衡不仅增加了农村居民之间的差距，也影响了整个农村地区的发展。

二是乡村人口和乡村产业双重"空心化"交织。在工业化、城镇化快速推进的背景下，乡村人口大量非农化、转移到城镇乃至市民化。然而，如果对乡村人口转移后的乡村治理和乡村发展缺乏及时有效的跟进，便极易形成乡村人口与乡村产业双重"空心化"交织的现象，并成为城乡发展不平衡、乡村发展不充分的集中体现。

三是乡村基础设施和公共服务双重问题叠加。农村基础设施短板和农村基本公共服务欠账，一直是限制乡村发展的重要问题。经过近年来推进脱贫攻坚和乡村振兴的努力，农村基础设施和公共服务设施已普遍有了较大改观，但在这些设施尤其是公共服务设施的利用率上以及农村基本公共服务的供给上，还有较大的提升空间，面临着补齐短板与提档升级的双重任务。

四是龙头企业经营与农民持续增收双重困难凸显。当前宏观经济下行，压力传导效应逐渐凸显，乡村产业发展、龙头企业经营、农民就业增收等方面的困难和挑战增多。其中，农业龙头企业经营困境凸显。作为带动农村发展的农业龙头企业，当前经营困境呈现三重叠加的态势，纾危解困的不确定性增强。同时，农民就业增收渠道拓展难度加大。在宏观经济下行压力加大和粮食价格持续低迷的背景下，工资性收入和经营性收入作为农民增收的传统动能的作用在逐渐减弱，而农村新业态、新模式的发展又很难在短时期内形成带动广大农民就业增收的强劲动力。这些问题是当前需要解决的重点任务，也是"十四五"时期需要持续加大力度攻克的时代命题。

3.2

AI 大模型在农业中的应用创新

3.2.1　AI 大模型在精准农业中的应用

1. 作物病虫害诊断与防治

AI 大模型在作物病虫害诊断与防治中的应用已经成为农业领域的一个重要趋势。借助 AI 大模型的强大计算能力和深度学习技术，我们能够实现对海量农业数据的精准分析和处理，提高病虫害诊断的准确性和病虫害防治的效果，进而提升作物的产量和质量。

- AI 大模型能够通过分析大量的病虫害图片数据进行模型训练。在训练过程中，AI 大模型会学习病虫害的特征和表现形式，从而建立起一套完善的病虫害诊断体系。通过对新拍摄的农田照片进行分类和识别，AI 大模型可以快速诊断出作物所遭遇的病虫害类型，其准确率远高于传统的人工诊断方式的准确率。

- AI 大模型能够在防治措施方面提供精准的建议。通过对历史防治数据的学习和分析，AI 大模型可以预测不同病虫害的扩散趋势和可能影响的范围，从而为农民提供最佳的防治方案。例如，通过分析气候、季节、土壤等多种因素，AI 大模型可以帮助农民预测病虫害的发生时间和严重程度，让农民得以提前采取有效的防治措施，减少病虫害对作物的损害。

- AI 大模型可以为农民提供更加个性化的防治建议。根据不同地区、不同品种作物的生长特点和历史数据，AI 大模型可以针对每种作物制订专属的防治方案。

- AI 大模型可以帮助农民提高病虫害防治的效果。通过对农田的实时监测和数据分析，AI 大模型可以及时发现病虫害的出现和扩散趋势，为农民提供及时的预警和防治建议。同时，AI 大模型还可以帮助农民优化农药的使用量和喷洒时间，避免浪费和减少对环境的污染。

在实际应用方面，AI 大模型在作物病虫害诊断与防治中已经取得了显著的成果。例如，在我国江苏省南京市的一个示范项目中，AI 大模型成功地应用到了水稻病虫害的诊断和防治中。该项目采用了基于深度学习的图像识别技术，对水稻病虫害进行诊断和分类。通过分析大量的水稻病虫害图片数据，AI 大模型学会了如何识别不同的病虫害类型，并且识别的准确率达 90% 以上。同时，该 AI 大模型还能根据历史数据预测水稻病虫害的发生趋势和影响范围，为农民提供及时的防治建议和预警。图 3-1 展示了 AI 农业监测识别系统。

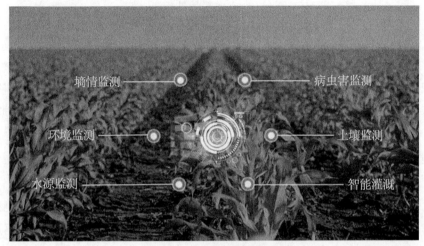

图 3-1　AI 农业监测识别系统

2. 智能灌溉与节水

AI 大模型在智能灌溉与节水方面的应用是农业领域中的一项重要创新。通过结合 AI 大模型的深度学习技术和智能传感器技术，我们能够实现对农田灌溉的精准控制和优化管理，提高水资源的利用率，减少浪费和损失，为农业生产提供可持续发展的保障。

- 可将 AI 大模型用于智能灌溉系统的设计和优化。在传统的灌溉系统中，水量的控制往往依赖人工操作或简单的传感器控制，难以实现精准控制和优化管理。而借助 AI 大模型，我们能够对大量的灌溉数据进行分析和处理，建立起完善的灌溉模型，实现根据土壤湿度、作物生长状况等多种因素对灌溉方式进行智能控制和调整。例如，在一家大型农场中，AI 大模型被应用于智能灌溉系统的优化和管理中。该农场安装了大量的智能传感器和摄像头，以对农田的土壤湿度、温度、养分含量等数据进行实时监测和采集。然后，通过 AI 大模型对监测和采集到的数据进行分析和处理，智能灌溉系统能够根据作物的生长需求和土壤条件进行精准灌溉，实现水资源的最大化利用。据统计，该农场在使用 AI 大模型优化和管理智能灌溉系统后，水资源的利用效率提高了 20%，同时作物产量得到了显著提升。

- 可将 AI 大模型用于节水措施的制定和实施。通过对历史气象数据、灌溉数据、土壤数据等进行分析和处理，AI 大模型可以预测未来的气候变化和作物生长需求，从而为农民提供最佳的节水措施的制定和实施建议。这些建议包括合理的灌溉时间、灌溉量、灌溉方式等，帮助农民在保证作物生长的前提下最大限度地减少水资源的使用量。

3. 精准施肥

通过结合 AI 大模型的深度学习技术和智能传感器技术，我们能够实现对农田施肥的精准控制和优化管理，提高作物的产量和质量，降低生产成本并减少对环境的污染，为农业生产提供可持续发展的保障。精准施肥是指根据不同作物、作物的不同生长阶段、不同土壤状况等因素，合理地确定施肥的种类、数量、时间、方式等，以满足作物生长的需求，提高肥料利用率和减少对环境的污染。AI 大模型在精准施肥中的应用主要包括以下几个方面。

- 施肥方案制订。利用 AI 大模型对大量施肥数据进行学习和分析，制订出针对不同作物、作物的不同生长阶段、不同土壤状况的施肥方案。这些施肥方案会考虑到作物生长的营养需求、土壤养分的供应能力以及肥料的有效性等因素，合理施肥，以提高肥料的利用率和减少施肥对环境的影响。

- 智能施肥决策。借助智能传感器和监测设备，AI 大模型可以实时获取农田的土壤养分状况、作物生长状况等数据，并根据这些数据做出决策，确定每种作物在不同生长阶段的施肥种类、数量、时间、方式等。按照这种智能决策方式施肥可以提高肥料的利用率和减少施肥对环境的影响。

- 个性化施肥建议。AI 大模型可以为每种作物制订专属的施肥方案。同时，AI 大模型还可以根据作物的生长需求和土壤状况提供及时的施肥建议和预警，帮助农民及时调整施肥方案，避免浪费和减少对环境的污染。

- 优化施肥计划。AI 大模型可以根据历史施肥数据和作物生长数据，以及预测的未来的气候变化和作物生长趋势，优化施肥计划。按照这种施肥计划施肥可以提高肥料的利用率和减少施肥对环境的影响，同时可以降低农民的成本和负担。

3.2.2　AI 大模型在预测农业中的应用

1. 天气预测

天气预测的准确性对于人们的日常生活和生产非常重要。虽然古人没有精确的天气预测，但他们通过观察自然现象，总结出二十四节气、物候和气象谚语等。现代天气预测始于 19 世纪中期，当时巴黎天文台台长 Le Verrier 通过研究风暴发现了其移动规律，并建议组建气象观测网，分析制作天气图。但是这种方法存在主观性，预测的结果不准确。AI 可以通过学习历史气象数据和天气模式预测未来天气情况，提高天气预报数据的质量和准确性。超级计算机可以模拟大气环流和天气变化过程，帮助人们更好地预测天气变化规律。实际上，早在 20 世纪初，人们就利用计算机来进行天气预测。随着技术的不断发展，AI、大数据和超级计算在天气预报中的应用越来越广泛，使得天气预测的准确性和及时性得到极大提高。

数值天气预测是现代气象事业的核心技术，它通过求解复杂的微分方程来预测天气。然而，这种方法对初始条件的依赖性很高，而大气运动的变化难以捕捉，因此预测的准确性会受到一定的影响。而 AI 的加入，为天气预测带来了新的可能性。AI 擅长处理重复任务和拟合未知数据关系，能够通过深度学习了解各种气象数据之间的关系，从而提高天气预报的准确性和速度。2023 年 7 月，华为云团队和清华大学研究团队在《自然》杂志上先后发表了两篇关于华为云盘古气象模型和 NowcastNet 模型的文章。这两个模型都利用 AI 进行天气预测。华为云盘古气象模型可以提前一周预测全球天气模式，而 NowcastNet 模型则可以针对极端降水事件等短期天气进行预测。这两个模型的预测准确率和速度都超过了传统的预报方法。图 3-2 展示了基于 AI 的天气预测。

通过结合 AI 大模型的深度学习技术和大数据分析能力，我们能够实现对天气状况的精准预测和灾害预警，为人们的生产和生活提供更加及时、准确的气象服务。天气预测是指根据历史气象数据和当前气象观测数据，对未来一定时间内的天气状况进行预测和推测。AI 大模型在天气预测中的应用主要包括以下几个方面。

- 数据处理与特征提取。天气预测需要处理大量的气象数据，包括温度、湿度、气压、风速、风向、云量、降水量等。AI 大模型可以利用深度学习技术，从这些数据（如时间序列数据、空间分布数据等）中提取出有用的特征，为后续的预测模型提供准确的数据基础。

图 3-2　基于 AI 的天气预测

- 短期天气预测。短期天气预测是指对未来 1~3 天的天气状况进行预测，主要应用于日常气象服务、交通气象服务等领域。AI 大模型可以利用循环神经网络、长短期记忆网络等深度学习模型，对历史气象数据进行建模分析，预测未来的天气状况。例如，基于长短期记忆网络的模型可以捕捉时间序列数据中的长期依赖关系和短期波动，从而更加准确地预测未来的天气变化。

- 中长期天气预测。中长期天气预测是指对未来 1~3 个月的天气状况进行预测，主要应用于气候变化研究、农业气象服务等领域。AI 大模型可以利用物理模型和统计模型相结合的方法，对气候系统进行模拟和分析，预测未来的气候变化趋势。例如，基于物理模型的 GCM（General Circulation Model，大气环流模型）可以模拟大气环流和气候变化的主要特征，而基于统计模型的统计降尺度（Statistical Downscaling）可以细化预测结果，提高预测的准确性。

2. 灾害预警

灾害预警是指根据气象观测数据和其他相关信息，对可能发生的自然灾害或气象灾害进行提前预警和应对。AI 大模型在灾害预警中的应用主要包括以下几个方面。

- 灾害类型和等级的识别与判断。灾害预警需要准确地识别和判断灾害的类型和等级。AI 大模型可以利用图像识别技术和自然语言处理技术，对气象卫星云图、雷达回波图、地面观测数据等进行分析和处理，自动识别灾害的类型和等级。例如，基于卷积神经网络的模型可以自动识别台风、暴雨、暴雪等灾害类型，并判断其可能的强度和影响范围。

- 灾害风险评估与决策支持。灾害预警需要提供准确的风险评估和决策支持。AI 大模型可以利用大数据分析和机器学习技术，对历史灾害数据、地理信息数据、社会经济数据等进行分析和处理，评估灾害的风险等级和影响程度。例如，基于决策树或随机森林的模型可以评估灾害发生的概率和可能造成的损失程度，为决策部门提供科学依据和应对方案。

- 预警信息发布与传播。灾害预警需要将预警信息及时、准确地发布与传播给相关人员和机构。AI 大模型可以利用自然语言处理技术和语音识别技术，将预警信息自动转换成文字、语音或视频等形式的信息，通过广播、电视、手机短信、社交媒体等多种渠道进行传播。例如，基于自然语言处理的模型可以将气象信息转换成通俗易懂的文字或语音形式的信息，方便人们理解和接收。

3. 农业产量预测

AI 大模型在农业产量预测中的应用可以帮助农业生产者更好地了解作物生长状况、预测产量以及分析市场趋势，从而制定更加科学合理的生产计划和销售策略。以下是一些具体的案例。

- 基于图像的产量预测。利用深度学习技术，对农田图像进行分类和识别，可以准确地判断作物的生长状况和病虫害发生情况。通过对大量农田图像的学习和分析，AI 大模型可以预测作物的生长趋势和产量。例如，通过分析水稻的叶片颜色、形状等特征，AI 大模型可以预测水稻的产量。这种预测方法不仅准确度高，而且可以提前数月进行，为农业生产者提供充足的时间来制订相应的生产计划。

- 基于土壤数据的产量预测。土壤状况对作物的生长有着重要的影响。AI 大模型可以利用土壤数据（如 pH 值、养分含量等）建立产量预测模型。例如，基于回归分析的线性回归模型可以根据土壤数据预测玉米的产量。

- 基于气象数据的产量预测。气象状况对作物的生长有着重要的影响。AI

大模型可以利用气象数据（如温度、湿度、光照等）建立产量预测模型。例如，基于时间序列分析的 ARIMA 模型（Auto Regressive Integrated Moving Average Model，差分自回归移动平均模型）可以根据气象数据预测小麦的产量。

4. 农业市场分析

AI 大模型在农业市场分析中的应用可以帮助农业生产者更好地了解市场趋势、预测市场变化，从而制定更加科学合理的生产和销售策略。以下是一些具体案例。

- 价格预测与决策支持。AI 大模型可以对历史农产品价格数据进行学习，并利用多种因素进行价格预测。例如，基于时间序列分析的 ARIMA 模型可以综合考虑市场需求、供应量、季节等多种因素对农产品价格的影响，从而进行价格预测。

- 竞争对手分析。AI 大模型可以利用大数据分析和自然语言处理技术，对竞争对手的公开信息和新闻报道进行分析和处理，了解其生产情况、定价策略等，为制定自身的生产和销售策略提供参考。

- 市场需求预测。AI 大模型可以对历史市场需求数据进行学习，并利用多种因素进行市场需求预测。例如，基于时间序列分析的 ARIMA 模型可以捕捉历史市场需求数据中的季节性和趋势性变化，从而预测未来的市场需求的变化趋势。

- 风险评估与应对策略制定。AI 大模型可以对市场风险因素进行建模分析，评估风险等级和影响程度。例如，基于决策树的分类模型可以评估不同风险因素对农产品价格的影响程度和风险概率，为决策部门提供科学依据和应对方案。此外，AI 大模型还可以根据历史气象数据和土壤数据等预测作物病虫害发生的风险，指导农业生产者采取相应的防治措施。

3.2.3 AI 大模型在机械化农业中的应用

1. 智能农机装备的设计与应用

随着人工智能技术的飞速发展，智能农机装备在农业生产领域的应用越来越广泛。AI 大模型作为人工智能技术的核心，为智能农机装备的设计与应用提供了强大的技术支持。

- 智能化设计。AI 大模型可以通过对大量数据的分析，提取出智能农机装备设计的最优解。例如，利用机器学习算法对历史智能农机装备设计数据进行训练，可以学习不同设计因素与性能指标之间的关系，从而在新的设计中使用合理的设计优化这些性能指标。此外，AI 大模型还可以对智能农机装备的外观、结构、材料等方面进行优化设计，提高智能农机装备的使用效率和安全性。

● 故障预测与维护提醒。AI 大模型可以通过对智能农机装备运行数据的监测和分析，预测其故障发生的可能性，提前采取维护措施，避免设备在运行过程中出现问题。例如，利用时间序列分析方法，可以监测智能农机装备的运行状态，当发现异常数据时，及时发出警报，提醒用户进行维修与保养。

● 精准播种与施肥方案提供。AI 大模型可以通过对土壤成分、气候等数据的分析，为智能农机装备提供精准的播种与施肥方案。例如，利用机器学习算法对土壤样本进行分析，可以确定土壤的养分状况和适宜种植的作物种类，从而为播种与施肥提供最优的方案。

2. 自动化农田作业

（1）精准耕作和播种规划

AI 大模型可以根据土壤成分、气候等因素，为耕作和播种提供精准的规划方案。通过机器学习算法对历史耕作数据进行训练，AI 大模型可以学习不同土壤类型和气候条件下的耕作方法和播种深度等参数，从而为耕作和播种提供最优的方案。精准的耕作和播种规划可以改善作物的生长状况，提高产量，同时减少耕作时间和资源消耗。

（2）自动化播种和种植

利用 AI 大模型，可以根据土壤成分、气候等因素，精准地制订播种和种植计划。通过机器学习算法对历史种植数据进行训练，AI 大模型可以学习不同作物在不同土壤和气候条件下的生长状况，从而为播种和种植提供最优的方案。自动化播种和种植可以提高农业生产效率，减少人力成本，同时提高种子的成活率和作物的产量。

（3）自动化翻耕和松土

利用 AI 大模型，可以根据土壤水分、养分等因素，为农田翻耕和松土提供精准的实施方案。通过机器学习算法对土壤样本进行分析，AI 大模型可以确定土壤的翻耕和松土方案。自动化翻耕和松土可以提高农田的土壤质量，促进作物的生长，同时减少人力成本和时间成本。

（4）智能化灌溉和排水

AI大模型可以根据土壤湿度、气候等因素，为农田灌溉和排水提供精准的方案。通过深度学习技术对土壤湿度数据进行学习，AI大模型可以判断是否需要灌溉或排水，从而为农田灌溉和排水提供最优的实施方案。智能化灌溉和排水可以提高作物的水分利用率，减少资源浪费，并促进作物稳健生长，同时根据不同作物和生长阶段的需求进行精细化控制，提高水肥的利用率，并降低生产成本。此外，智能化灌溉和排水系统还可以实现自动化控制减少人力、物力的投入，并提高农业生产的效率和效益。

（5）自动化收割和采摘

利用AI大模型，可以根据作物的生长状况和气候条件，预测作物的成熟时间，提前安排收割和采摘计划。通过自动化收割和采摘，可以提高作业效率，减少人力成本。此外，AI大模型还可以对收割和采摘路径进行规划优化，提高作业效率。而且，自动化收割和采摘可以减少收获过程中的损失和浪费，同时提高作业的准确性和一致性。图3-3展示了基于AI的自动采摘机器人。

图 3-3　基于 AI 的自动采摘机器人

3. 无人机在农业中的应用

无人机作为一种基于遥感技术的飞行器，近年来在农业领域迅速发展并得到了广泛应用。它的高效、灵活和经济的特点，使其成为农业生产和管理的有力工具。无人机在农业中的具体应用包括作物监测、农药喷洒、快速播种和植保等。

（1）作物监测

作物监测是无人机在农业中最常见的应用之一。通过无人机搭载的高分辨率摄像头或多光谱相机，可以对农田中的作物进行全面监测和分析。无人机可以定期对农田中的作物进行空中摄影，通过高分辨率图像分析，可以获取作物的生长状况、叶面积指数、植被覆盖度等关键指标信息。这些信息可以帮助农民了解作物的生长情况，及时对作物进行调整和管理，并提前预测作物的产量和品质。无人机搭载的多光谱相机可以捕捉到作物叶面上的细微光谱变化，从而检测作物是否受到病虫害侵袭。通过无人机的快速响应和高效监测，农民可以及时地发现和处理作物病虫害，降低农业生产的损失。

（2）农药喷洒

传统农药喷洒通常需要农民手持喷雾器进行，劳动强度大且效率低下。而无人机的出现改变了这一情况，提高了农药喷洒的效率和精度。无人机搭载的喷洒系统可以根据农田中不同地块的实际情况，在相应位置进行农药喷洒。通过预先设定的路径和 GPS（Global Positioning System，全球定位系统），无人机可以精准控制喷洒量和覆盖面积，避免过量使用农药或重复喷洒的问题。传统农药喷洒存在农民接触农药的风险，而无人机的使用可以降低这一风险。农民可以在安全的地方操控无人机，通过遥控器控制无人机进行农药喷洒，减少了人体暴露于农药之下的风险。此外，无人机喷洒还有助于减少农药在空气中的飘散，减少污染环境的可能性。图 3-4 展示了无人机喷洒农药的场景。

图 3-4　无人机喷洒农药的场景

（3）快速播种

播种是农业生产的重要环节，也是劳动强度较大的任务之一。无人机的出现使播种变得更加高效和准确。无人机搭载的播种设备可以在较短的时间内完成大面积的播种工作。通过精确的 GPS 定位和自动化操控，无人机可以按照预设的路径和密度进行播种，提高播种速度并降低劳动成本。无人机可以根据地块的大小和形状灵活调整播种方式，同时根据不同作物的种植需求进行精准播种。这使得农民可以根据实际需要进行个性化的种植，更好地利用土地资源，提高作物产量和质量。

（4）植保

无人机在植保方面的应用主要包括除草和施肥两个方面。使用无人机除草和施肥可以有效减少草害和养分不均衡对作物的影响。无人机搭载的除草设备可以利用高分辨率图像识别并定位杂草，通过定向喷洒除草剂对农田中的有害杂草进行处理，有效减少杂草对作物生长营养的汲取，提高作物的产量和品质。无人机搭载的施肥系统可以根据作物的需要和不同地块的营养状况，精确喷洒适量的肥料。通过遥感技术和智能控制系统，无人机可以根据作物生长状态和土壤质量进行即时调整，并在不同地块上进行个性化施肥，提高肥料利用率和作物的养分吸收率。

无人机在农业中的应用带来了很多益处，如提高农业生产效率、降低劳动强度、减少资源浪费等。然而，在应用中也存在一些挑战需要克服，如无人机的价格高昂、技术要求高和法律法规中有部分限制等。此外，还需要考虑数据管理和隐私保护等问题。

3.2.4　AI 大模型与农业供应链优化

1. AI 大模型与农业供应链管理优化

农业供应链是指从农业生产资料的采购，农产品的生产、加工、运输，直到销售到最终消费者手中的整个过程。在这个过程中，供应链管理起到了至关重要的作用。通过对供应链的优化，可以降低成本、提高效率、减少风险，从而提高整个供应链的竞争力。然而，传统的供应链管理方法往往存在一些问题，例如，信息不对称、沟通不畅、协同性不足等。这些问题导致了农产品在采购、生产、物流、销售等环节中存在很多问题，如滞销、缺货、质量不稳定等。因此，寻找一种更加高效、智能的供应链管理方法成为当务之急。

（1）采购环节的应用

在采购环节中，AI 大模型可以通过对历史数据进行分析，预测未来的市场需求和价格走势。这样可以帮助企业制订更加合理的采购计划，降低采购成本。同时，AI 大模型还可以对供应商进行评估和选择，通过数据分析和比对，选择质量稳定、价格合理的供应商。AI 大模型可以收集大量的历史采购数据，包括商品种类、数量、价格、供应商信息等。通过对这些数据的分析和挖掘，AI 大模型可以了解市场的需求趋势、价格波动规律以及不同供应商的供应能力和质量情况等信息。基于这些信息，企业可以制订更加科学、精准的采购计划，避免出现采购过多或不足的情况，减少浪费和库存成本。

（2）生产环节的应用

在生产环节中，AI 大模型可以通过对历史生产数据进行分析，找出影响生产效率和质量的因素。同时，AI 大模型还可以通过对天气、土壤、气候等数据进行分析，来预测未来的生产情况，帮助企业制订更加合理的生产计划。此外，AI 大模型还可以通过对生产过程的实时监控，及时发现生产过程中存在的问题，提高生产效率和质量。AI 大模型可以收集大量的历史生产数据，包括生产计划、实际生产情况、设备运转数据、人员操作数据等。通过对这些数据的分析和挖掘，AI 大模型可以了解生产效率和质量的影响因素，找出生产过程中的瓶颈和问题。基于这些信息，企业可以制订更加科学、精准的生产计划，合理安排生产时间，提高生产效率和产品质量。

（3）物流环节的应用

在物流环节中，AI 大模型可以通过对历史运输数据进行分析，预测未来的运输情况。同时，AI 大模型还可以通过对车辆、路线等数据进行分析，制订更加合理的运输计划。此外，AI 大模型还可以通过对温度、湿度等数据进行分析，对农产品的储存和运输进行精细化管理，保证农产品的质量和安全。

（4）销售环节的应用

在销售环节中，AI 大模型可以通过对历史销售数据进行分析，从而预测未来的销售情况。同时，AI 大模型还可以通过对消费者行为数据进行分析，从而了解消费者的购买偏好和需求，制定更加精准的销售策略。

2. 农产品溯源与质量监控

AI 大模型具有强大的数据处理、模式识别和预测能力，能够帮助企业在农产品的生产、加工、运输和销售过程中实现全面的溯源与质量监控，从而提高农产品的质量安全水平，增强消费者对农产品的信心。

（1）过程跟踪和可视化

基于大量数据训练的 AI 大模型，可以实现对农产品生产全过程的实时跟踪和可视化展示。通过分析各环节的数据，AI 大模型能够及时发现异常情况，例如种植过程中病虫害的发生、加工过程中卫生条件的不足等。这些异常情况不仅会影响农产品的质量，还可能危及消费者的健康。因此，AI 大模型会及时通知相关人员对异常情况进行处理，确保农产品的质量和安全。通过数据挖掘和模式识别技术，AI

大模型还能找出可能影响农产品质量的关键因素，例如气候条件、土壤质量、肥料用量等。这些因素对农产品的品质和营养价值有着重要影响，为企业的生产流程改进和质量控制提供了科学依据。

（2）溯源分析和查询

AI 大模型具备强大的数据处理和查询能力，可以根据不同的查询条件对农产品溯源数据进行检索和分析。例如，消费者可以查询某件农产品的生产、加工、运输和销售全过程信息，了解其来源和质量状况。这样可以帮助消费者做出更加明智的购买决策，选择符合自己需求的农产品。企业可以查询某批次农产品的溯源信息，以便及时发现和解决潜在问题。例如，在销售过程中发现某一批次的产品存在质量问题，企业可以通过查询溯源信息找出问题所在，并采取相应的措施来解决问题。这样可以减少损失并避免问题扩大化，保护企业的声誉和消费者的权益。

（3）品质评估和优化

通过分析农产品的外观、营养成分、口感等方面的数据，AI 大模型可以帮助企业进行品质评估和优化。例如，在外观方面，可以根据果实的形状、大小、色泽等特征，判断其成熟度和品质；在营养成分方面，可以根据农产品的营养成分含量和配比，评估其营养价值和优势；在口感方面，可以通过模拟消费者的口感偏好，评估产品的口感和质量，进而指导企业的产品研发和改进，从而提高产品的品质和市场竞争力。同时，利用大数据分析技术可以对消费者的购买行为和市场趋势进行分析，从而制订更加科学、合理的生产计划，提高生产效率和产品质量，以满足市场需求和消费者的需求，实现更好的经济效益和社会效益。此外，在品质评估过程中，还可以利用 AI 大模型对农产品进行分类和分级。根据产品的不同特征和市场需求，可以将产品分为不同等级，并制定相应的销售策略和管理措施，这样可以更好地满足市场需求，提高产品的附加价值，实现更好的经济效益和社会效益。

（4）生产过程监控和管理

AI 大模型可以对农产品的生产过程进行实时监控和管理。通过对生产环境的温度、湿度、光照强度、二氧化碳含量等数据的分析，可以及时调整生产参数并预警可能出现的风险。同时，基于大数据分析的 AI 大模型还可以为企业制订更加科学、合理的生产计划提供支持，帮助企业提高生产效率和产品质量。此外，利用物联网技术和智能传感器等设备还可以实现生产过程的自动化控制和智能化管理，企业能够提高生产效率和降低成本，进而提高自身的市场竞争力。

3.3
农业与 AI 大模型的融合挑战

农业与 AI 大模型的融合主要面临以下挑战。

1. 数据采集和处理

在农业中应用 AI 大模型的首要挑战是数据采集和处理。农业数据不仅包括土壤、气候等环境数据，还包括作物生长、病虫害发生等动态数据。这些数据的采集需要利用大量的传感器、遥感技术以及实时监测系统。同时，这些数据的处理和分析也需要利用专业的技术和方法。

2. 模型泛化能力和健壮性

AI 大模型的泛化能力是指在训练数据以外的新的、未见过的数据上的表现。在农业中，由于环境的复杂性和变化性，AI 大模型需要具备强大的泛化能力，才能准确地预测和应对各种情况。此外，AI 大模型的健壮性也非常关键。健壮性是指模型对于异常数据、噪声数据以及干扰的抵抗能力。在农业环境中，由于数据的不确定性以及噪声和干扰的存在，AI 大模型的健壮性受到很大的挑战。

3. 技术和实际应用脱节

当前，AI 大模型在农业中的应用还处于初级阶段，很多技术尚未成熟，且和实际应用存在一定程度的脱节。具体来说，一方面，现有的 AI 技术还未完全满足农业生产的实际需求，如在精准农业方面，仍需要进一步提高技术的精细度和可靠性；另一方面，技术的普及和应用需要进一步加强，很多农民和技术人员对于新技术的接受和应用能力还有待提高。此外，技术和实际应用脱节还表现在模型的可解释性上。目前，很多 AI 大模型的可解释性仍然较低，难以让农民和技术人员理解模型的决策过程和结果，这也限制了 AI 技术在农业中的广泛应用。

为此，需要进一步加强技术研发，提高所采集数据的准确性和可靠性，增强模型的泛化能力和健壮性，同时加强技术的普及和应用，提高农民和技术人员对于新技术的接受程度和应用能力。只有这样，我们才能更好地利用 AI 大模型的优势，推动农业生产的智能化、高效化和可持续化发展。

第 **4** 章

AI 大模型与工业：智能制造的新碰撞

· · ▬ ·

随着科技的不断发展，人工智能已经成为推动工业革命的重要力量。而 AI 大模型的出现，更是为智能制造带来了前所未有的变革。将 AI 大模型应用于工业领域，可以实现更高效、更精确、更智能的生产方式。通过自动化、数据分析和机器学习等技术，AI 大模型可以优化生产流程、提高生产效率、降低生产成本，同时提高产品的质量和安全性。

4.1

工业发展现状与突破

4.1.1　全球工业发展现状

在全球工业发展过程中，制造业始终是主导产业。随着科技的进步，制造业正从传统的劳动密集型产业向技术密集型产业转变。当前全球工业发展具有如下几个重要趋势。

1. 科技创新成为全球工业发展的核心驱动力

在全球工业发展中，科技创新已经成为核心驱动力。各国政府纷纷出台相关政策，加大科技创新投入，推动工业创新发展。例如，美国政府提出了"美国创新战略"，旨在通过加大研发投入、优化创新生态、提高国家创新能力；此外，我国政府提出了"创新驱动发展战略"，旨在通过技术创新、产业升级，实现制造业的高质量发展。

2. 制造业的数字化转型

随着数字化技术的不断发展，制造业正面临着全面的数字化转型。这种转型不仅涉及生产过程的自动化和智能化，还涉及供应链管理、产品设计和销售等环节的智能化。制造业向数字化转型将使其更加高效、灵活和具有竞争力。

3. 产业链分工呈现出深化的趋势

各国根据自身优势，参与到全球产业链的不同环节。我国在制造业方面具有较强的竞争优势，因此在全球产业链中主要以制造业为主；而美国、德国等发达国家在高端制造、技术研发等方面具有较强的竞争优势，因此在全球产业链中主要以高端制造和技术研发为主。这种产业链分工格局有利于各国发挥自身优势，提高全球资源配置效率。

4. 区域内的产业链和供应链强化合作

2023 年 9 月，全球制造业 PMI（Purchasing Manager's Index，采购经理指数）为 48.7%，较 8 月上升 0.4 个百分点，连续 3 个月环比上升。各地区中，亚洲制造业 PMI 继续在 50% 以上小幅上升；美洲制造业 PMI 在 50% 以下连续 3 个月上升；非洲制造业 PMI 在 50% 以下有所下降，创自 2023 年 4 月以来新低；欧洲制造业 PMI 结束连续 7 个月环比下降走势，较上月有所上升，但仍在 45% 左右的较低水平。全球制造业 PMI 连续小幅上升，但指数水平仍在 50% 以下，显示出三季度以来全球经济呈现持续弱修复态势。我国和美国制造业的持续回升是推动全球制造业继续修复的主要动力。受全球流行性疫情冲击的启示，区域内的产业链和供应链强化合作已经出现，但应该在巩固区域合作的基础上继续扩链，形成全球互信的产业链和供应链，推动全球经济持续复苏。

4.1.2 我国工业发展现状

我国目前仍处于工业化的中后期阶段，体量巨大的制造业及围绕其形成的产业链和供应链，是我国国民经济的重要组成部分，也是其韧性和发展动力的主要源泉。

改革开放以来，我国在新型工业化方面取得了显著进步，具体表现如下。

一是我国的工业体系非常健全。我国是全球唯一拥有联合国产业分类中全部工业门类的国家。

二是我国的工业规模已经变得更为庞大。2022 年，我国全部工业增加值突破 40 万亿元大关，占 GDP 比重达到 33.2%，其中制造业增加值占 GDP 比重为27.7%，制造业规模已经连续 13 年居世界首位。此外，我国还有 65 家制造业企业入围 2022 年世界 500 强企业榜单，专精特新中小企业达 7 万多家。

三是我国的产业结构持续得到优化。高技术制造业和装备制造业在规模以上工业增加值中占据了重要地位，新能源汽车和光伏产量连续多年保持世界第一。

四是数字经济在我国得到了快速发展。我国建成了全球规模最大、技术领先的移动通信网络。

五是我国在重点领域创新方面取得了一批重大成果。载人航天、探月探火、深海深地探测等领域捷报频传，C919 飞机实现全球首架交付，首台国产 F 级 50MW 重型燃气轮机点火成功，"华龙一号"核电机组并网运行。

我国的工业和信息化发展保持稳定，产业结构持续优化，新动能、新优势不断增强，创新活力持续释放，为高质量发展奠定了坚实基础。

在工业经济方面，我国积极落实国家的一系列稳增长政策，持续巩固工业经济的恢复发展态势。在此基础上，我国工业生产稳步增长。同时，制造业增加值占GDP 比重基本保持稳定，制造业投资也持续增长。

在制造业高质量发展方面，2023 年前三季度，高技术制造业投资同比增长

11.3%，增速比制造业投资增速高出 5.1 个百分点。新产品、新行业、新业态也在培育中快速发展。例如，新能源汽车、光伏产品、航空航天器及设备等产业实现了高速增长。同时，数字化转型进程在加速推进，智能工厂建设规模不断扩大、水平持续提升，已建设了近万个数字化车间和智能工厂。这些智能制造的新场景、新方案和新模式，为产业提质增效注入了新的动力。

在信息通信业方面，我国充分发挥和巩固信息通信业的优势，为经济社会高质量发展提供有力支撑。在 2023 年前三季度，电信业务收入同比增长 6.8%，按照上年不变价计算的电信业务总量同比增长 16.5%。网络基础设施不断夯实，截至 2023 年 9 月底，累计建成开通 5G 基站 318.9 万个，千兆宽带用户达到 1.45 亿户。网络服务能力持续升级，算力总规模达到每秒 1.97 万亿亿次浮点运算，移动网络 IPv6 流量占比达到 58.4%。

在中小微企业方面，我国采取了一系列措施来加强政策扶持和服务支撑。这些措施包括落实《助力中小微企业稳增长调结构强能力若干措施》、开展"一起益企"中小企业服务行动和中小企业服务月活动、遴选公示首批 30 个中小企业数字化转型城市试点等。这些措施促进了中小企业经济运行整体回升向好，多项关键指标持续增长。同时，还累计培育了约 10.3 万家专精特新中小企业、1.2 万家专精特新"小巨人"企业、200 个中小企业特色产业集群，为中小企业的发展注入了新的动力。

4.1.3 全球工业发展的挑战与机遇

全球工业发展正面临诸多挑战。一方面，经济全球化和贸易保护主义的复杂局势影响着全球产业链的运作。国际贸易环境的不确定性导致全球工业具有很大的不稳定性。贸易壁垒的出现给国际贸易带来了限制，影响了供应链的畅通，进一步削弱了全球工业市场的竞争力。另一方面，技术创新的速度加快为传统行业带来了挑战。新兴技术的迅速发展使得许多传统行业面临被淘汰的风险，相关企业需要不断更新和适应新的技术来保持竞争力。

然而，全球工业发展也面临着巨大的机遇。一方面，全球市场的扩大和中产阶级的崛起为工业产品的需求提供了更大的市场空间。发展中国家的快速工业化和城市化带动了消费水平的提高，对各类工业产品的需求不断增加。另一方面，全球范围内的合作和交流也为工业发展提供了机遇。通过合作和交流，企业能够共享技术和市场资源，加强创新能力，提高市场竞争力。

在全球工业发展中，有几个关键点特别值得关注。首先，电动汽车和新能源领域的发展成为全球工业的重要驱动力。随着对环境保护需求的提高，电动汽车的需求量不断增加，推动了整个电动汽车产业链的发展；此外，新能源的开发和利用也成为各国政府和企业的重点发展方向，光能和风能等清洁能源在全球范围内得到了广泛应用。其次，人工智能技术的应用已渗透到许多工业领域。从智能制造到智能物流，人工智能技术的应用已经改变了传统工业生产方式。机器人和自动化设备的应用提高了工业生产的效率和工业产品的品质，大数据的应用使得企业能够更准确地预测并满足市场需求。最后，全球工业发展也面临着一些风险和不确定性。人力成本上涨、原材料价格波动、政策调整等因素可能影响企业的盈利能力和市场竞争力；此外，全球经济的不稳定性和地缘政治风险也可能对全球工业发展造成不良影响。

4.2
AI 大模型在工业中的应用创新

AI 大模型在工业中的应用正在不断推动创新与变革，涵盖产品设计与开发、生产过程优化、质量控制与故障预测、售后服务以及供应链管理等多个环节。

4.2.1 产品设计与开发

AI 大模型可以通过学习大量的用户数据和产品属性，建立针对用户个性化需求的预测模型。例如，在智能手机设计中，AI 大模型可以通过分析用户的年龄、性别、职业、兴趣爱好等信息，预测用户对手机功能、外观和交互方式的偏好。基于这些预测，企业可以设计出符合用户需求的个性化手机产品，提供更加优质的用户体验。在设计过程中，AI 大模型可以借助深度学习和图像识别技术，实现自动化的产品设计和优化。例如，在家具设计中，AI 大模型可以根据用户提供的空间尺寸和装饰风格，自动生成符合用户需求的家具设计方案，并通过 3D 打印等技术实现快速的样品制作。图 4-1 展示了由 AI 设计的办公桌。

除了产品设计以外，AI 大模型还可以在产品开发过程中发挥重要作用。传统的产品开发通常需要进行大量的实验和测试，耗费大量的时间和资源。而 AI 大模型可以在产品开发过程中提供实时的反馈和预测，帮助企业减少实验和测试的次数，并降低相关成本。例如,在电子产品开发过程中,AI 大模型可以对产品的结构和组成进行分析和优化,提升产品的性能和运行效率。

图 4-1 由 AI 设计的办公桌

4.2.2 生产过程优化

随着消费者需求的增加,传统的产品生产方式已经无法满足市场对个性化产品的需求。AI 大模型通过学习海量的用户数据和市场调研数据,可以准确预测用户的个性化需求和趋势,帮助企业实现大规模个性化定制产品的生产。AI 大模型在生产过程优化方面的具体应用创新如下。

- AI 大模型可以通过学习用户数据和市场调研数据,准确预测用户的个性化需求和趋势。例如,在服装定制领域,AI 大模型可以通过分析用户的身材数据,以及用户对服装的款式、风格和颜色的偏好,预测用户对不同款式、风格和颜色的服装的需求。基于这些预测结果,企业可以制订相应的个性化设计和生产方案。

- AI 大模型可以借助深度学习和优化算法,实现生产过程的优化和个性化定制。传统的生产模式通常是批量生产,产品的设计和制造过程相对固定,无法快速满足消费者的个性化需求。而 AI 大模型可以基于用户个性化需求,优化生产过程和生产设备的配置。例如,在汽车制造中,AI 大模型可以根据用户的个性化需求,优化生产线上各工段的执行工艺和设备配置,实现快速而灵活的个性化定制。

- AI 大模型可以通过预测和模拟技术,提前预测个性化定制产品的需求量和制造工艺，以减少生产成本和时间。AI 大模型可以分析历史销售数据和市场趋势，预测不同的个性化定制产品的需求量。基于这些预测结果，生产企业可以提前调整生产设备和物料的供应，避免产品数量过剩或产品缺货的情况发生。此外，AI 大模型还可以通过模拟和优化算法，提前优化个性化定制产品的制造工艺和流程，以减少制造过程中的浪费和错误，提高生产效率和质量。

另外，AI 大模型还可以通过信息技术和物联网技术，实现个性化定制产品的信息化管理和智能化生产。传统的生产过程通常存在信息不对称和生产调度等问题，而 AI 大模型可以通过分析各环节的数据和信息，实现生产过程的信息共享和协同。例如，在物流领域，AI 大模型可以实时分析订单和运输信息，调用合适的运输工具并安排合理的运输路径，实现个性化定制产品的快速、准确投递。

AI 大模型通过学习用户数据和市场趋势，预测用户的个性化需求和趋势；通过优化算法和智能化设备，实现个性化定制生产的优化和效率提升；通过模拟和预测技术，减少生产成本和时间；通过智能化设备和信息技术，实现个性化定制产品的管理和生产智能化。随着 AI 技术的不断发展和应用，相信 AI 大模型在优化生产过程、实现大规模个性化定制的生产方面将发挥更大的作用，为企业带来更多的商机和更大的竞争优势。

4.2.3　质量控制与故障预测

传统的质量控制方法通常是基于统计模型和规则的，难以满足多样化和个性化产品的质量检验需求。而 AI 大模型可以通过学习大量的产品数据和工艺参数，建立预测模型来预测产品的质量特征和故障模式。基于这些预测模型，企业可以进行实时的质量控制和故障预测，及时采取相应的措施，避免不良产品的产生。

1. 智能质量控制

智能质量控制是指通过 AI 大模型对产品质量的分析和预测，及时发现产品质量问题，并通过自动化控制手段进行调整和纠正，以提高产品质量的稳定性。具体可以通过以下几个方面来实现智能质量控制。

- 数据采集和分析：AI 大模型可以通过连接传感器和监测设备，实时采集和分析生产过程中产生的质量数据。通过分析这些质量数据，AI 大模型可以识别质量异常和发生问题的趋势，找出潜在的质量问题。例如，对于制造业企业来说，AI 大模型可以通过监测温度、压力、湿度等参数，实时了解生产环境的状态，及时发现异常情况。

- 模型训练和预测：AI 大模型可以通过对大量历史质量数据的学习和训练，建立质量预测模型。这些质量预测模型可以根据当前生产过程中的特征数据，预测可能出现的质量问题，并提出相应的控制措施。例如，在电子产品制造过程中，AI 大模型可以通过对历史数据的分析和建模，预测出可能出现的焊接质量问题，并提前调整焊接设备的参数，减少焊点虚焊和漏焊的情况发生。

- 自动控制和调整：基于 AI 大模型的质量预测结果，生产设备可以进行自动控制和调整。比如在汽车制造过程中，AI 大模型可以根据检测数据预测出零部件的质量问题，自动调整生产设备和工艺参数，将质量控制在可接受的范围内。例如，在汽车制造中，如果 AI 大模型预测到某个零部件的尺寸偏差较大，可以通过自动调整生产线上的工艺参数，减少零部件尺寸偏差，提高产品质量。

- 即时通知和报警：当质量问题被 AI 大模型识别和预测出来时，AI 大模型可以通过即时通知和报警系统通知工作人员。工作人员可以根据报警信息及时采取措施，防止质量问题进一步扩大。例如，在食品加工过程中，如果 AI 大模型预测到某一批次产品可能存在安全问题，可以通过即时通知和报警系统，通知相关责任人及时停止生产和召回该批次产品。

- 数据反馈和优化：AI 大模型可以对质量问题进行分析，对控制措施进行优化。通过对质量问题进行记录和分析，AI 大模型可以不断优化和改进质量控制模型和方法，进一步提高产品质量的稳定性。例如，在制药行业中，AI 大模型通过对药品生产过程中的质量数据进行分析，可以发现影响药品质量的主要因素，然后优化生产工艺和控制方法，提高药品质量的稳定性。

2. 故障预测

故障预测是指通过 AI 大模型对生产设备和工艺的数据进行分析和预测，提前发现可能出现的故障，采取措施避免或减少生产中故障的发生，提高个性化产品的质量稳定性。具体可以通过以下几个方面来实现故障预测。

- 数据采集和分析：AI 大模型可以连接生产设备的传感器，实时采集和分析设备运行时的数据。通过分析数据，AI 大模型可以找出设备发生故障的规律和特征，为故障预测提供依据。例如，在工业制造领域，AI 大模型可以通过监测设备的振动、温度、噪声等参数，实时监控设备运行状态，提前发现异常情况。

- 模型训练和预测：AI 大模型可以通过对大量历史故障数据的学习和训练，建立故障预测模型。这些故障预测模型可以根据当前设备的运行状态和特征数据，预测出可能发生的故障类型和时间，为预防措施的制定提供指导。例如，在电力设备中，AI 大模型可以通过对历史故障数据进行分析，建立电机故障的预测模型，根据电机的运行状态和振动数据，提前预测电机可能发生的故障的类型和故障发生时间。

- 预防性维护和修复：基于 AI 大模型的故障预测结果，可以采取预防性的维护和修复措施。比如在电力设备中，如果 AI 大模型预测到设备可能出现故障，可以提前对设备进行维护和检修，避免发生故障。例如，可以根据 AI 大模型预测结果制订定期检查和维护计划，定期更换故障率较高的零部件，保障设备的正常运行。

- 自动化控制和调整：当 AI 大模型预测到设备将发生故障时，生产设备可以进行自动化控制和调整。例如，在机器人领域，当预测到机器人关节出现异常时，AI 大模型可以自动调整机器人的姿态和运动，避免故障的发生。又如，在机器人焊接过程中，AI 大模型如果预测到焊接电流过大，可能会导致焊缝质量下降和设备故障，可以自动控制焊接机器人降低焊接电流，降低发生故障的可能性。

- 备件和物料供应：AI 大模型可以通过预测故障发生的时间和故障的类型，提前调整备件和物料的供应计划。这样可以避免故障发生时备件和物料的缺货问题，降低故障修复的时间和成本。例如，在工业制造中，可以通过 AI 大模型预测设备发生故障的时间和故障的类型，提前采购和储备备件，以保障设备故障修复的及时性和有效性。

案例：ChatGPT 接入车载系统，汽车行业进入 AI 时代

梅赛德斯-奔驰公司与 Microsoft 公司联手，于 2023 年 6 月启动一项创新性测试计划。本次合作的核心是探索在车载环境中运用 ChatGPT 的可能性。据公司公告，约有 90 万辆已配备 MBUX 智能人机交互系统的梅赛德斯豪华车型的汽车可与 ChatGPT 技术兼容。目前，该服务仅支持英文对话，并限定在美国地区且仅适用于拥有相应车型的汽车的车主。通过无线方式，车主可以轻松下载 ChatGPT 功能。在为期 3 个月的测试期间，梅赛德斯-奔驰公司将密切关注用户

体验，为未来版本的推出和市场拓展收集宝贵反馈。Microsoft 公司的发言人指出，此次合作标志着 ChatGPT 在车辆应用中的首次尝试。

梅赛德斯-奔驰公司拥有先进的 MBUX 语音助手，该助手在行业内树立了标杆，因其直观的操作和庞大的指令组合而备受赞誉。结合 ChatGPT 技术后，车载语音助手将更加智能，可处理更自然和复杂的用户指令，提供包括天气预告、体育资讯、智能家居控制等多元化服务。

在自动驾驶模式下，车辆在限定速度内将实现完全自主驾驶，驾驶员可进行其他活动，如发送短信息、观看视频或玩游戏等。梅赛德斯-奔驰公司强调数据安全的重要性，所有客户数据都将得到严格保护，确保数据不被篡改或滥用。所有对话数据仅保存在本地和奔驰云服务中，绝不与第三方分享。

随着人工智能技术的快速发展，ChatGPT 在汽车行业的应用前景备受关注。尽管一些汽车制造商已采用先进的人工智能技术，但梅赛德斯-奔驰公司与 Microsoft 公司的合作开创了 ChatGPT 在汽车领域的全新应用场景。测试计划的成功将为将相关技术拓展至其他国家和拓展为其他语言版本提供重要参考。未来，若测试进展顺利，这一创新技术有望惠及更多国家和地区的用户。

2023 年以来，国内科技公司如百度公司、阿里巴巴集团和科大讯飞公司等已纷纷推出 AI 大模型产品，并与汽车厂商开展合作。业界普遍认为，AI 大模型有潜力引领汽车智能化达到新高度。

AI 大模型在汽车领域主要有两种应用形式。一种是应用于智能座舱的人工智能对话交流，如已有近 10 家车企接入百度公司的文心一言，阿里巴巴集团的 AliOS 系统在测试通义千问大模型。许多专家认为，AI 大模型将极大提升智能座舱的性能，特别是在人机交互方面。车载语音助手在大数据和自主学习的支持下，可能从任务型升级为闲聊型，智慧程度更接近人，甚至具备情感，使智能汽车成为满足深层次需求的第三生活空间。

另一种是应用于智能驾驶。自 2020 年特斯拉公司在自动驾驶领域引入 Transformer 大模型以来，AI 大模型在自动驾驶中的应用逐渐受到关注。其快速、准确解决认知和决策问题的能力为提升自动驾驶能力提供了核心动力。例如，毫末智行公司在 2023 年 4 月发布的自动驾驶生成式大模型 DriveGPT，通过引入驾驶数据和 RLHF 技术持续优化自动驾驶认知决策模型，最终目标是实现端到端自动驾驶。百度公司自动驾驶业务部总经理陈卓认为，AI 技术正在加速自动驾驶的广泛应用，而自动驾驶则是人工智能的典型应用场景。

4.2.4 售后服务

传统的售后服务通常基于固定的服务流程和标准进行检修，难以满足个性化产品的售后需求。而 AI 大模型可以根据客户的使用数据和反馈信息，实施个性化的售后服务方案。

1. 数据采集和分析

AI 大模型可以通过连接售后服务系统和客户反馈渠道，实时采集和分析客户的反馈数据。通过分析这些反馈数据，AI 大模型可以了解客户的个性化需求、偏好和问题，并形成客户画像。例如，可以通过分析客户的购买历史、消费行为和投诉记录，了解客户的偏好和问题，为个性化售后服务提供依据。AI 大模型还可以利用机器学习和深度学习的算法，对采集到的数据进行模式识别和预测分析。通过分析不同客户的行为模式和消费习惯，AI 大模型可以预测客户的未来需求和问题，提前采取相应的措施，提高售后服务的效果。例如，通过对客户的购买行为和偏好的分析，可以预测客户下一次购买产品的时间和产品类型，为个性化售后服务提供指导。

2. 情感分析和情境感知

AI 大模型可以通过情感分析和情境感知技术，识别出客户的情绪和需求。通过分析客户的语音、文字和图像等数据，AI 大模型可以判断客户的情绪，了解其是否满意、焦虑、愤怒等。在情感分析技术的支持下，AI 大模型可以通过使用自然语言处理和机器学习的方法，识别出客户反馈中的情感倾向，帮助售后服务人员准确了解客户的情感状态。例如，在客户与售后服务人员的对话中，AI 大模型可以分析客户的语气、音调和语义，判断客户的情绪状态，为后续的个性化处理提供依据。在情境感知技术的支持下，AI 大模型可以通过分析客户反馈中的背景信息和上下文语境，了解客户所处的情境和环境，帮助售后服务人员更好地理解和处理客户的问题。例如，在在线客服领域，AI 大模型可以根据客户的问题描述和回答，分析问题的背景和上下文，帮助客服人员更好地理解客户的具体需求和问题所在。

3. 个性化问题识别和解决

AI 大模型可以通过自然语言处理技术，分析客户的问题描述和反馈信息，识别出问题的类型和关键词，并提供相关的解决方案和建议。通过个性化问题识别和解决，AI 大模型可以提高售后服务的效率和质量，缩短问题解决的时间。例如，在电子产品售后过程中，通过对客户的问题描述进行分析，AI 大模型可以判断出问题可能是硬件故障，然后提供相应的故障排查和维修方案，减少客户的困扰和等待时间。

4. 智能推荐和引导

AI 大模型可以根据客户的个性化需求，提供智能推荐和引导。通过分析客户的购买历史、兴趣和行为等数据，AI 大模型可以推荐客户感兴趣的产品和服务。通过智能推荐和引导，AI 大模型可以提升客户的购买满意度和忠诚度，增加交易额和销售额。例如，在在线零售业中，AI 大模型可以根据客户的购买历史和偏好，为客户推荐符合其个性化需求的产品，提升客户的购物体验。

5. 个性化沟通和互动

AI 大模型可以通过自然语言生成和理解技术，实现个性化沟通和互动。通过分析客户的语言和情绪状态，AI 大模型可以生成相应的回复和互动策略。通过个性化沟通和互动，AI 大模型可以增强客户与企业之间的互动关系和沟通效果，提升客户的满意度和忠诚度。例如，在在线客服领域，AI 大模型可以根据客户的问题和情绪，生成相应的回复和建议，为客户提供个性化的解答和帮助，提升客户体验。

案例：70 亿参数大模型手机 OPPO Find X7

2024 年 1 月，OPPO 发布旗舰手机 OPPO Find X7。通过高精度 4 位量化等模型压缩、推理引擎加速以及与芯片平台深度合作的硬件加速方式，OPPO 首次为手机端侧带来 70 亿参数大模型，变革了手机端侧 AI 的使用方式。在保障用户隐私安全的情况下，Find X7 可以为用户带来响应更快、处理能力更强、生成质量更高的本地 AI 体验。

端侧协同已成为终端厂商确保用户数据安全及应用体验的关键。OPPO 通过"端云协同"智能调度，以及本地模型"专模专用"，为用户提供更精准的应用体验，实现端侧大模型在手机上的首次真正落地。Find X7 实现了革命性升级，将大模型的 AI 智慧体验从生产端带入用户日常生活中，切实帮助用户解决实际问题，提升生活效率。

凭借完整的端侧应用，Find X7 搭载 AndesGPT 70 亿参数大模型，为用户带来自然语言理解、文本内容摘要、通话语音摘要等个性化 AI 体验。

OPPO AndesGPT 70 亿参数大模型在 200 字首字生成方面的响应速度比其他大模型的快 20 倍，面向 2000 字首字生成方面的处理速度也可达到其他大模型的 2.5 倍。此外，Find X7 支持超级端侧大模型 AIGC 消除，助力用户一键拯救废片。

AndesGPT 支持超过 120 类主体识别与分割，可实现发丝级分割及多达 6 个多主体分离，以及超大面积图像的填充与自然生成，大幅拓展了生成式视觉大模型的应用范围并提高了其实用性。

4.2.5　供应链管理

传统的供应链管理面临着一系列的挑战，如需求预测不准确、库存管理困难等。而 AI 大模型可以通过学习历史销售数据和市场趋势，进行准确的需求预测，并实现实时的库存管理和供应链协调。基于 AI 大模型做出的个性化需求预测，企业可以灵活调整生产计划和采购策略，最大限度地减少库存和降低采购成本，并提供更好的产品交付服务。个性化定制的供应链管理是指根据不同客户的需求和偏好，对供应链流程进行个性化定制和管理，以提供更符合客户需求的产品和服务。AI 大模型作为一种强大的智能技术，可以在个性化定制的供应链管理中发挥重要作用。下面将详细介绍 AI 大模型如何帮助企业实现个性化定制的供应链管理。

1. 数据分析和预测

AI 大模型通过分析与客户相关的数据来预测客户的需求和市场的走向，进而实现供应链的个性化定制。比如 AI 大模型通过分析客户数据、销售数据以及市场数据，找出隐藏的需求规律和趋势。根据这些数据分析结果，企业决策者可以优化库存管理方式、产品供应计划和生产计划，精确预测客户需求，合理分配资源，减少库存和资源的浪费。此外，AI 大模型还能根据客户需求和市场趋势，预测未来产品的销售量和销售趋势，协助企业决策者制订合理的产品生产和供应计划。随着人工智能技术的飞速发展，AI 大模型正不断融入公路物流领域中。自 2023 年以来，多家互联网和物流平台企业纷纷跟进，积极探索"大模型 + 物流"模式，京东物流、菜鸟相继推出基于大模型的数智化供应链产品。

2. 需求管理和个性化定制

AI 大模型可以通过需求管理和个性化定制技术，实现个性化定制的供应链管理。通过对客户需求进行分析和理解，AI 大模型可以将产品和服务进行个性化定制，以满足客户的需求和偏好。基于需求管理和个性化定制技术，企业可以提供个性化的产品和服务，提高客户的满意度和忠诚度。例如，在服装行业，AI 大模型可以根据客户的身材、风格和喜好，定制款式和尺码适合客户的服装。

3. 供应链透明化和协同管理

通过对供应链各个环节的数据进行采集和分析，AI大模型可以实现供应链透明化，清晰了解供应链的运作状况和瓶颈。同时，AI大模型还可以通过协同管理技术，促进供应链各环节之间的协同和协调。通过对供应商、制造商、物流商等各个环节的数据进行整合和分析，AI大模型可以帮助供应链各环节实现实时协同和信息共享。在"互联网+"的发展背景下，物流数字化已经成为物流行业的发展趋势。物流行业在经营中不断将互联网基础应用到不同领域，科技将成为智慧物流发展的重要推动力量。随着大模型产品的应用普及，智慧物流将迎来新的发展机遇，数字化转型带来的模式变革和价值增量，将重塑物流与供应链产业结构，激发数字经济新潜能。

4. 质量追踪和管理

通过对供应链各环节的数据进行采集和分析，AI大模型可以实时监测和追踪产品质量和供应链的安全性。基于质量追踪和管理，企业可以及时发现和解决产品质量问题，保证个性化定制产品的质量和安全性。例如，在食品行业，AI大模型可以实时监测供应链各环节的温度、湿度和食品存放时间，保证食品的新鲜度和安全性。

5. 运营优化和效率提升

通过对供应链数据进行深入分析和优化，AI大模型能够自动提升供应链运营效率和流程顺畅度。通过运营优化和效率提升，企业可以提升供应链的运作效率和速度，缩短产品生产周期和交付周期，进而提高客户满意度。例如，在电子产品领域，AI大模型能通过优化物料供应和生产流程，缩短产品生产周期和交付周期。AI大模型结合物流企业特有的场景数据，能迅速生成专属模型，使得不同物流企业在数字供应链领域的精细化深耕成为可能，为产业大模型的落地提供差异化数据优势和能力优势。在此基础上，借助产业和内部业务场景的数据能力，可以进一步推动物流大模型的差异化发展，助力物流技术迈向数字原生时代，逐步实现AI自动生成功能的供应链解决方案。

案例：京东物流超脑

"京东物流超脑"融合了京东物流在供应链全场景深度服务的经验，实现了物流场景内容生成和创作的交互升级。它通过自然语言驱动，避免了复杂操作，提升了交互效率并降低了使用门槛。在交互层面，用户无须具有专业建模能力，仅需向系统描述仓储布局效果，系统便可以快速生成三维可视化方案，并根据用户描述进行局部调整。在决策层面，"京东物流超脑"能高效进行布局对比、归因分析和方案推荐，通过大模型分析、理解当前仓储 3D 模型的异常运营问题，提出改善建议，实现从被动调整到主动干预，显著提升运营效率。

物流是少数大模型能实际落地应用的领域。大模型应用的下半场为"MaaS"（Model as a Service，模型即服务）。组成整体产品的重要模块包括 SaaS（Software as a Service，软件即服务）、PaaS（Platform as a Service，平台即服务）等技术能力及其衍生出的功能性板块。京东物流宣布推出全新数智地图 SaaS 平台"与图"，通过该地图，每天数千万订单快速匹配至相应配送站点；数万运力在路上行驶，产生数十亿位置轨迹；数十万京东物流自有配送人员完成终端地址履约验证。

位置数据时刻并发，数智地图技术产品成为实际业务输出的"第一枪"。据了解，与图内部服务涵盖京东零售、物流、健康，以及达达快送、跨越速运、德邦快递等。京东物流智能地图业务负责人表示，数智地图是数字世界对物理世界的映射，位置数据可充分创造价值。与图数据源于商流、物流及金融流，侧重于对"商"的研究：京东物流可基于 POI（Point of Interest，关注点）整合客户年龄、性别、喜好、活跃地等数据，以及客户购物意向和消费行为，基于商业区、客户画像、零售品牌等大数据分析，提供决策依据。

4.3

AI 大模型与人形机器人结合——具身智能

目前，传统机器人已经走入成熟期，机器人产业整体正向着"智能化"高速迈进。凭借机器视觉、自然语言理解等人工智能技术的发展，初代"AI+"机器人产品逐步成熟，在特定领域已经形成规模应用，处于成长期。生成式 AI 的爆发与 AGI 的曙光，为人形机器人与"具身智能"带来希望。具身智能（Embodied AI），又被视作人工智能的终极形态，它们用物理身体进行感知，通过智能体与环境的交互获取信息、理解问题、做出决策并实现行动。通俗来讲，具身智能既可以理解成是 AI 大模型披上机器人的"壳"，也可以理解成是机器人长出 AI 大模型的"脑"。

4.3.1　人形机器人

人形机器人（Humanoid Robot）是一种模仿人类外观和行为的机器人，也称为仿生人。这种机器人的主要特点是具有与人类相似的机体，可以模拟人类的动作、语言和行为。在过去，人形机器人的概念主要停留在科学幻想领域中，常见于电影、电视、漫画、小说等作品。然而，随着机器人技术的不断进步，现在已经可以设计出高度功能化和具有高拟真度的人形机器人。例如，一些人形机器人具有逼真的皮肤、头发和身体形态，可以模拟人类的动作和行为；另一些则可以具有人类的情感和反应，例如能够表达喜、怒、哀、乐等情绪。除了外观上的拟真度，人形机器人也可以在功能上越来越接近人类。例如，一些人形机器人可以模拟人类的行为，包括行走、握手、做面部表情等。此外，人形机器人还可以学习人类的语言，并具有一定的交流能力，可以与人类进行互动。据高盛预测，到 2035 年，人形机器人市场规模或将达到 1540 亿美元，成为继智能驾驶电动车后的又一 AI 落地场景。

4.3.2　人形机器人的发展

人形机器人集成了人工智能、高端制造、新材料等先进技术，有望成为继计算机、智能手机、新能源汽车后的颠覆性产品，深刻改变人类的生产和生活方式，重塑全球产业发展格局。当前，人形机器人技术加速演进，已成为科技竞争的新高地、未来产业的新赛道、经济发展的新引擎，其发展潜力大、应用前景广。因此，全球发达国家都在人形机器人领域投入巨资，进行持续的开发和研究。日本、美国等国家都在仿人形机器人方面取得了显著的进展。

1997 年 10 月，本田公司推出了仿人形机器人 P3。这款机器人具备了初步的仿人功能，如能够步行、挥手等。随后，麻省理工学院研制出了更为先进的仿人形机器人 COG，它具有更为逼真的类人形外观和行为，甚至能够进行简单的交流和环境反馈。德国和澳大利亚联合研制的大型机器人则具备更强大的功能，该机器人身高 2m、体重 150kg，拥有 52 个气缸，能够做出更复杂的动作和行为。2010 年 6 月，东京大学和大阪大学组成的科研小组展示了一款仿真婴儿机器人"野尾"，它是人形机器人的一项新突破。这款仿真婴儿机器人身高 71cm，拥有 600 个传感器，可以做出伸手、转头等动作，甚至能够与人类进行简单的交流和互动。

特斯拉公司的 Elon Musk 在 2022 年 9 月的 AI Day 上发布了人形机器人原型

Optimus。宣传资料显示，Optimus 具备多种功能，包括搬运箱子、浇灌植物和完成工厂作业等。Elon Musk 认为，Optimus 有可能对经济产出带来"两个数量级"的潜在改善，并对文明发展产生根本性转变。他还强调了人形机器人在替代人类从事枯燥和危险工作方面的潜力，并指出该业务的市场需求可能远超汽车行业的市场需求。

2023 年 12 月，Elon Musk 在社交平台发布了第二代 Optimus 机器人的宣传视频。该视频展示了第二代 Optimus 机器人的升级版特性，包括提升 30% 的步行速度、改善平衡感和身体控制能力。相较于初代产品，第二代 Optimus 在外观、质量和关节功能方面进行了重大改进，它采用了流线型机身，减轻了 10kg，并配备了仿生足部（不仅提升了美观度，还显著提高了步行速度）。此外，机器人手部也经过了迭代：增加了 11 个零件，以实现更稳定和灵活的动作。值得一提的是，它的所有手指都具有触觉感应功能，能够完成一手拿取鸡蛋后，将鸡蛋换至另一手并放到容器中的复杂动作。

尽管目前 Optimus 机器人尚未达到完美的状态，但特斯拉公司预计在未来 3~5 年实现交付，并计划将其产量提高到数百万台，价格将保持在 2 万美元以下。特斯拉公司表示，第二代 Optimus 机器人将首先应用于其制造工厂，一旦验证其实用性，将逐步向市场推广。

在我国，国防科技大学、哈尔滨工业大学研制出双足步行机器人；北京航空航天大学、北京科技大学研制出多指灵巧手等具有创新性的产品。这些成果都展示了我国在人形机器人领域的实力和发展情况。

深圳市于 2023 年 5 月发布《深圳市加快推动人工智能高质量发展高水平应用行动方案（2023—2024 年）》，明确提出孵化高度智能化的生产机器人，并加快组建广东省人形机器人制造业创新中心，以推动人工智能技术的创新和应用。上海市于 2023 年 5 月印发《上海市推动制造业高质量发展三年行动计划（2023—2025 年）》，明确提出瞄准人工智能技术前沿，构建通用大模型，面向垂直领域发展产业生态，建设国际算法创新基地，加快人形机器人创新发展。北京市于 2023 年 8 月印发《北京经济技术开发区机器人产业高质量发展三年行动计划（2023—2025）》，明确提出对标国际一流产品，发挥龙头企业引领作用，协同高等院校、科研院所开展人形机器人整机、关键零部件攻关。同时，该计划还提出到 2025 年的具体目标，包括经济技术开发区机器人研发投入复合年增长率达 50%，创建了 50 个机器人应用场景示范项目，规上工业企业机器人密度达到 360 台 / 万人，产值规模达到 100 亿元。图 4-2 展示了服务机器人。

图 4-2　服务机器人

以上行动方案和计划的制订和实施，旨在推动人工智能、制造业和机器人产业的高质量发展，加速科技创新和应用，提升产业竞争力和经济社会效益。

4.3.3　人形机器人的相关技术

人形机器人技术的三大核心包括人机交互、场景感知和运动控制。其中，场景感知技术的进步最为迅速；而运动控制方面则主要采用液压驱动或纯电机驱动，运动控制算法仍有很大的提升空间；人机交互技术随着 AI 大模型的发展也有所突破，但与实现自主决策还有一定的距离。

- 在人机交互方面，近年来技术进步显著。过去，人机交互只能接收固定的指令，但现在，通过大量的深度学习和图像训练，人机交互技术已经可以实现精准的语音语义和图像识别，尤其是在智能家居等领域的应用上。

- 场景感知技术则通过摄像头、雷达、各种传感器（如力矩传感器、倾角传感器、红外传感器、触觉传感器、温度传感器等）监控和获取机器周围环境的信息，其在自动驾驶领域中的应用最为广泛。

- 运动控制涵盖了硬件和软件两个部分。硬件主要包括电池、控制器、电机、减速器等，目前的技术难点在核心环节的电机系统设计和材料轻量化等方面。软件则主要负责协调机器人的各个关节协同运作，包括各种运动控制算法，例如现有的人形机器人采用的水平反应控制、目标 ZMP 控制、步长位置控制等算法。

人形机器人的成本大致可以分为 3 部分——动力总成系统成本（占总成本的60%）、智能感应系统成本（占总成本的20%）、结构件及其他成本（占总成本的20%）。其中，动力总成系统包括电池系统和电驱系统（类似于电动车的"三电系统"），预计两者的成本分别占总成本的 10% 和 50%。智能感应系统中使用的传感器类型和数量都相当可观，传感器类型包括力矩传感器、温度传感器、加速度传感器、压力传感器、红外传感器、摄像头等。此外，人形机器人还配备了主芯片处理器、算力芯片以及其他模拟 / 数字芯片等，并使用了其他结构件和功能件，如扬声器、毫米波雷达、激光雷达等。

以特斯拉公司的人形机器人 Optimus 为例，其头部配备了与特斯拉汽车相同的摄像头等传感器阵列，算力支持由 FSD 芯片提供，并且与汽车共用了 AI 系统。这种设计利用 Dojo 超级计算机的训练机制来提升机器人的功能。具体来说，Optimus 的电池系统采用了锂电池系统，电驱系统则包括伺服电机、谐波减速器、驱动控制器、编码器等。

在 AI 大模型技术日新月异的今天，人形机器人作为优秀的载体，具备提升自身 "自主功能" 的潜力，从而实现 AI 的 "具身化"。目前，机器人上的众多关键技术节点已经取得了重大突破，结合 AI 大模型技术，我们有信心进一步优化机器人的智能化体验。例如，人形机器人的智能交互将更加接近人类的自然交互，这将极大促进机器人的商业化应用进程。

4.3.4　AI 大模型与人形机器人结合促进制造业升级

AI 大模型与人形机器人的结合是未来制造业发展的趋势。这种结合不仅可以提高制造业的生产效率，降低生产成本，还可以改善工作环境，减少职业病的发生。

1. 提高自动化水平，促进制造业的智能化发展

AI 大模型凭借其强大的数据处理能力和深度学习算法，能够对复杂制造环境进行精准模拟和预测，从而优化生产计划、资源配置及工艺流程设计，实现智能化决策支持。同时，通过持续学习与迭代优化，AI 大模型可以不断提升对制造业知识的理解与运用能力，满足日益增长的个性化定制需求。而人形机器人作为实体执行终端，在融合了 AI 大模型的智能优势后，不仅具备了灵活的动作执行能力，还能在复杂的制造场景中自主适应并完成高精度、高强度的工作任务。AI 大模型与人形机器人的有机结合，将推动制造业从传统的机械化、自动化向更高阶的智能化方向发展，形成融感知、决策、执行为一体的智能制造系统，实现生产过程的高度自主化、柔性化与高效化，有力促进制造业的整体升级转型。

2. 提高生产效率和产品质量，推动制造业的竞争力提升

AI 大模型能够对生产流程进行深度优化，精准预测并预防潜在问题，从而减

少生产设备的停机时间，提高设备综合效率（Overall Equipment Effectiveness, OEE）。结合实时数据分析，AI 大模型还能动态调整生产参数以实现资源的最大化利用。人形机器人通过集成 AI 大模型的智慧，能够在生产线上执行精细、复杂且重复性高的任务，减轻人工负担，显著提高作业速度和准确性。它们具有高灵活性和强环境适应性，能在各种制造场景中自主完成工作，降低人为错误发生的概率，确保产品的一致性，并保障产品的高品质。

3. 提高工作环境安全性，保障人类员工健康和生产安全

人形机器人在特殊工作环境中的应用，显著减轻了人类员工面临的潜在风险和生理极限挑战。例如，在极端的高温、高压条件下，或者在存在有毒或有害物质、放射性射线等高度危险环境中执行任务时，它们可以代替人类员工进行精准操作与持续作业。通过取代人类员工在这些高风险场景下的活动，人形机器人的应用极大地降低了工伤事故的发生概率，确保人类员工能够远离不必要的伤害。人形机器人内置的精密传感器系统和实时数据分析能力，使人形机器人能够以超越人类极限的准确度和反应速度执行各项复杂任务，从而有效减少因人为因素导致的操作失误和生产流程错误。这种技术进步不仅提升了整体生产效率，而且从源头上保障了人类员工的生命安全，为制造业构建更加安全、可靠且可持续的工作环境奠定了坚实的基础。

4. 优化生产流程，提高资源利用率，降低制造成本

基于 AI 大模型对海量实时生成的数据和不断变化的环境条件进行快速精准分析，人形机器人能够动态调整生产流程，灵活应对各种突发状况，实现不同工位间无缝协同工作，并优化任务分配策略，确保资源得到最大化利用，有效避免因无效调度或反应滞后导致的资源浪费。通过深度挖掘 AI 大模型的分析预测潜能，制造业企业可以精确预见生产环节中的潜在瓶颈和效率提升点，根据人形机器人的实际执行情况及时调整生产计划和资源配置方案，具体表现为能够合理优化生产工序，提高工艺流转效率；能够在物料管理、能源消耗等关键环节实施精细化控制，从而显著减少不必要的成本支出，提升企业的经济效益和资源使用效率，为企业在市场竞争中赢得更高盈利能力和可持续发展优势。

5. 提高人机协作能力，优化工作流程，增强工作灵活性

人形机器人作为一种灵活、可控的智能助手，在与人类协作时能够实现高度的灵活性和适应性。它能够与人类员工无缝地进行协作，共同完成复杂的生产工作，提高工作效率。通过 AI 大模型的技术支持，人形机器人能够学习和理解工作流程，

逐渐形成对人的动作、意图和指令的理解和响应能力，能够更好地与人类员工进行协作和沟通，优化工作流程，提高工作灵活性和适应性。

6. 应用前景展望

随着人形机器人和 AI 大模型技术的不断突破和发展，其在制造业中的应用前景非常广阔。在未来，人形机器人将会进一步优化其小型化、高效率和精确化的特点，更广泛地应用于汽车、电子、航空航天等领域，进一步提升制造业的智能化和自动化水平。通过对制造工艺体系和数据信息的深度学习，人形机器人将会逐渐具备更强大的语音交互、视觉识别、运动规划和决策能力，能够更智能地执行复杂的生产工作，为企业带来更高的生产效益与经济效益。

人形机器人与 AI 大模型的结合，将促使制造业逐渐向数字化、网络化、智能化的方向发展，推动制造业与人工智能技术的深度融合，为制造业创新与发展带来更多机遇，也为提升制造业的竞争力提供重要的支撑和助力。

人工智能技术的进步已成为带动机器人产业发展的关键驱动力。智能化正在成为机器人产业发展的主旋律：现代机器人不再是单纯地执行预定程序的机械设备，而是具有自主学习和决策能力的智能机器人，可以通过感知和交互来适应环境变化，并从经验中学习和优化其行为；在"AI+机器人"大趋势下，机器人的人机协作、人机交互、任务灵活配置等发展趋势也随之出现，推动社会生产力与生产方式的跃迁。

案例：汽车产业的大模型应用

汽车产业的未来在于 AI 汽车与机器人的结合。小鹏汽车正加速推进无高精地图区域城市辅助导航驾驶开城计划。该公司已在北京、上海、广州、深圳、佛山这 5 个城市开通智能辅助驾驶功能。

小鹏汽车创始人表示，在基于高精地图的上一代架构支持下，公司实现了前 5 个城市的突破，但高精地图的地域限制与新鲜程度成为技术瓶颈。为此，小鹏汽车研发了新一代面向全场景智驾的终极架构 XBrain。XBrain 具备"全国都能用、全国都能开"的特点，覆盖全国约 73% 的路网，使开城速度提升至过去的 20 倍，成本降低至 1/10。相较于上一代产品，XBrain 主要由深度视觉神经网络 XNet2.0 和基于神经网络的规控 XPlanner 等模块构成，采用动态网络和静态网络的架构，增加纯视觉数据网络，实现动态 BEV、静态 BEV、数据网络三网合一。XNet2.0 采用大模型、具备时空理解能力的感知架构，能有效理解何时可进入何种车道、潮汐车道在何时按何种方向行进等信息，提高了智能辅助系统的安全性。该架构具有强大的"脑补"能力，可处理遮挡、视线不清晰、遮光、拍摄不清晰等问题，能够提高感知信息质量和数据类型，增强 XNGP 智能辅助系统的避障能力。

智能辅助能力提升需经历数据收集、模型训练、模型部署等环节，提高仿真效率。场景数据是训练自动驾驶算法的必要前提，但企业往往难以收集到所有场景数据。小鹏汽车目前可通过 AI 直接生成极限场景，作为训练自动驾驶的素材。

小鹏汽车自动驾驶 80% 以上的问题在仿真阶段解决，2023 年，其仿真效率提高 150%。除了提升自动驾驶能力，小鹏汽车还将大模型和生成式 AI 应用在其他功能的提升上。

小鹏汽车自动驾驶负责人表示，公司在研发领域已全部上线 AIGC 应用，代码提效 15%；在设计领域，采用生成式 AI 应用后，从设计草图到实车效果图所需时间，在相同设计质量下从 23 天缩短到 6 天。

AI 大模型正重新定义汽车行业，有效使用 AI 大模型有助于提高汽车开发效率。小鹏汽车在 AI 大模型应用方面的探索，为汽车行业落地 AI 大模型提供了有益借鉴。

4.4
AI 大模型与虚拟数字员工

在政策扶持、娱乐需求增长以及人工智能、云计算、虚拟现实等技术不断发展的背景下，我国数字人产业正在经历高速发展的阶段。元宇宙的热潮也进一步推动了数字人产业的升级。中商产业研究院的数据显示，2022 年，我国数字人产业市场规模达到 1464 亿元，同比增长 57%，预计到 2025 年将达到 2600 亿元。近年来，数字人产业的繁荣吸引了众多企业的关注和投资，行业投资热度持续升高。在资本的驱动下，新的数字人创业企业如雨后春笋般涌现。2022 年，国内与数字人相关的企业数量已经超过 24 万家。预计到 2025 年，这一数字将突破 40 万。这些企业包括阿里巴巴集团、腾讯公司、百度公司、网易公司、移动公司等综合性厂商，他们都在积极支持旗下相关公司或事业部向数字人赛道发展。在数字经济的大潮中，以数字人为代表的新技术、新模式正在崭露头角，数字人将在广泛的应用场景中发挥重要作用，拥有巨大的发展潜力。让我们一起把握数字人产业高速发展的机遇，推动数字经济产业发展。

4.4.1　虚拟数字员工的特点

虚拟数字员工具有智能决策能力，这意味着它们能够通过自动分析和处理大量复杂数据来做出准确的决策和建议。它们的智能决策能力受到机器学习和自然语言处理算法的支持，它们能够学习和分析大量历史数据和规则，从中找出模式和趋势，并基于这些模式和趋势做出预测和判断。虚拟数字员工的智能决策能力不仅可以提高工作效率，还能减少人为错误和降低风险。

虚拟数字员工还具有自动化执行能力，可以自动执行各种办公任务。它们可以通过编程实现自动化的工作流程，与其他系统和软件进行高效协作。例如，虚拟数字员工可以自动收集和整理文件、处理和分析数据、生成报告和图表等。它们的这种自动化执行能力可以极大地提高工作效率、减轻人工负担，让人们从烦琐重复的工作中解放出来，有更多的时间和精力去进行创造性的工作。

虚拟数字员工还具有多语言沟通能力。虚拟数字员工可以理解和使用多种语言，并能够进行智能化的语言处理和理解。这意味着它们可以与人类员工进行自然而流畅的交流和沟通，提供准确的信息和服务。虚拟数字员工可以通过语音识别和自然语言处理技术，与客户在线实时沟通和解答问题，提供持续的客户支持和服务。它们也可以与不同语言背景的团队成员进行跨文化的协作，提高团队的沟通和协调能力。图4-3展示了由AI生成的虚拟数字员工。

图4-3　由AI生成的虚拟数字员工

虚拟数字员工还拥有出色的多任务处理能力。它们可以同时执行多个任务，并保持执行的高效和工作的准确性。这一能力是在其强大的智能决策能力和自动化执行能力的基础上发展起来的。通过算法和模型的支持，虚拟数字员工能够快速切换任务，并能够灵活应对各种复杂情况。无论是同时处理多个客户的请求，还是同时分析多个数据集，虚拟数字员工都能够胜任。

虚拟数字员工还具有学习能力和持续改进能力。它们能够通过学习和优化算法模型，不断提高工作效率和质量。虚拟数字员工能够分析和理解人类员工的工作习惯和需求，并逐渐适应和改进工作方式。通过对历史数据和规则的学习，虚拟数字员工可以提供更加准确和个性化的服务，满足不断变化的需求。

4.4.2　虚拟数字员工的应用场景

虚拟数字员工的应用场景广泛，以下是几个典型的应用场景。

1. 客户服务与支持

虚拟数字员工凭借其先进的自然语言处理和机器学习技术，能够以高效且人性化的方式与客户进行深度对话和交流。在沟通过程中，它们能精准捕获并深入理解客户的真实需求、痛点和期望，通过情境感知和智能推理，在短时间内为客户提出定制化的建议和解决方案。这种实时、精准的服务模式极大地提升了客户服务体验，使企业在满足客户需求方面达到前所未有的响应速度和质量。虚拟数字员工可以 24 小时不间断地接收并处理客户的各种请求和申请。无论客户提出的是在产品咨询、订单管理、售后服务还是在投诉反馈等环节中的问题，虚拟数字员工都能迅速有效地予以回应和解决。

2. 数据分析与预测

虚拟数字员工可以对企业的销售业绩、市场动态、竞品、消费者行为习惯等多元化的数据源进行全方位、多维度的深入分析，从而帮助企业全面了解市场现状、准确预判未来走势、准确把握客户需求变化。基于这些翔实而深刻的商业洞见，企业管理者能够做出更加科学、精确且有针对性的战略决策，从而优化资源配置，提升运营效率，推动业务持续增长和创新突破。

3. 文档处理与管理

虚拟数字员工在文档处理与管理方面的能力尤为突出，它们能够自动化地执行各类烦琐复杂的文件工作流程。虚拟数字员工不仅能对合同、报告、表格等各式文档进行生成和编辑，还能实现对海量文档的高效整合与精准归档，显著减轻人力负担，提升整体办公效率，并能够确保信息记录的准确性与一致性。虚拟数字员工还能根据企业需求，实时监控文档更新动态，自动触发相关审批流程，保证业务流程的顺畅进行。这种智能化的文档处理方式，为企业内部沟通协作提供了极大的便利，同时也为企业战略决策提供了更为及时、准确的数据支持，推动企业实现更高层次的数字化转型与升级。

4. 日程管理和优化工作流程

虚拟数字员工在日程管理和优化工作流程方面发挥着关键作用，它们能高效地处理各类日常事务性工作——从基础的会议预订、日程设置到复杂的跨部门协调与时间冲突解决。虚拟数字员工不仅能自动根据用户输入或预先设定的规则安排会议，并及时发送邮件通知和提醒参会人员，确保每个参会人员都能准时出席会议，还能通过电子邮件、即时消息等多种渠道与参会人员进行实时交流与互动，灵活调整会议的时间和地点安排，以满足多方需求，实现最优资源配置。同时，通过对用户历史行为数据的学习与分析，它们能够洞察用户的个人偏好和习惯，比如用户在某个时间段的工作效率峰值和休息时段的需求等，从而为用户提供更为精准且个性化的日程建议和服务。

5. 人力资源管理

在人才招聘阶段，虚拟数字员工可依据预设的岗位要求和标准，高效地筛选海量简历，并通过智能算法进行初步评估，识别出潜在合适的人才。在员工档案管理方面，虚拟数字员工展现出强大的数据整合与分析能力。它们可以自动录入新员工的各项信息，包括个人信息、教育背景、工作经历等，并实时更新在职员工的培训记录、绩效考核、职位变动等动态信息，确保企业内部员工档案数据始终是准确、完整且最新的状态。这种高度智能化的人力资源管理模式极大地减轻了人力资源部门的工作负担，提升了工作效率，同时也为企业战略决策提供了强有力的数据支持，促进了组织结构优化与人才发展策略的科学制定。

案例："梧桐·招聘"AI 大模型

软通动力自主研发的"梧桐·招聘"智能招聘系统，以轻量化、高效、智能和精准为核心特点，为企业提供卓越的招聘服务。该系统集成了简历智能解析、岗位智能发布、人岗智能匹配、专属面试题智能生成以及智能人才库等功能，旨在提升面试质量和效率。通过运用该系统，企业招聘时的综合面试通过率可提升30%，招聘流程中的平均等待时间可缩短60%以上。此外，该系统不仅是招聘工具，还是企业人才管理的重要平台，能够高效管理招聘流程和候选人全生命周期，进一步提高招聘效率和人才质量。

软通动力全面加速 AI 战略布局，致力于构建"算力、算法、数据"三位一体的硬科技创新生态。该公司与华为云公司、阿里巴巴集团、百度公司、Microsoft 公司、腾讯公司等客户深入合作，开展大模型深度应用，成为华为云盘古大模型首批合作伙伴、昇腾 AI 大模型联合创新伙伴、百度文心千帆大模型平台生态伙伴、阿里云通义千问首批产业战略合作伙伴，并首批接入 Azure 云 GPT-4。同时，该公司还发布多款大模型平台及产品，与客户共同创新，研发了一系列基于 AIGC 的行业及专业解决方案。

4.4.3　虚拟数字员工的优势及其面临的挑战

虚拟数字员工的优势是显而易见的。首先，它们具备高度的智能化和自动化能力。虚拟数字员工借助人工智能和机器学习技术，能够处理大量的复杂数据和任务，并提供准确和高效的服务。其次，虚拟数字员工可以实现全天候的服务。相比于人类员工，它们不受时间和地域的限制，可以在 24 小时内不间断地工作，这意味着企业可以通过虚拟数字员工提供持续的服务，满足不同时区和地域的需求。再次，虚拟数字员工可以提高工作效率和质量。虚拟数字员工能够自动执行各种办公任务，减少人工重复劳动，从而提高工作效率和准确性。通过智能化和自动化的工作流程，虚拟数字员工可以快速完成任务，提供及时的决策支持和服务。

虚拟数字员工也面临着一些挑战。首先是部署、使用和维护成本的问题。虚拟数字员工的部署、使用和维护需要投入大量的时间和资源，具有系统开发和维护、数据整合和安全保障等方面的成本问题。其次，虚拟数字员工的智能和学习能力还有待进一步提升和完善。只有不断对虚拟数字员工进行技术创新和算法优化，才能使虚拟数字员工更好地适应和满足企业与个人的需求。

4.4.4　虚拟数字员工的前景展望

随着人工智能和大数据技术的不断发展和应用，虚拟数字员工将逐渐在各个行业和领域得到广泛应用。未来，虚拟数字员工将具备更高的智能化和自动化能力，能够更好地满足企业和个人的需求。虚拟数字员工的应用还将推动和改变人与机器的协作方式和工作模式，加速数字化和智能化转型。虚拟数字员工将成为办公自动化和智能化的重要组成部分，为企业提供更好的办公支持和服务，并推动工作效率和质量的提升。无论是在金融、教育、医疗还是制造业领域中，虚拟数字员工都能够提供定制化的解决方案，帮助企业和个人实现数字化转型和智能化升级。

第 **5** 章

AI 大模型与教育：个性化教育的新时代

AI 大模型为教育领域带来了前所未有的变革和发展机遇。将 AI 大模型应用在个性化教学、智能辅导、在线教育等方面，有助于提高教育质量和效率，实现教育资源的优化配置。然而，在 AI 模型的应用过程中面临着数据隐私与安全、技术成熟度、教育公平性等挑战。未来，AI 大模型在教育领域的发展方向包括跨模态学习、情感计算与教育心理学结合、智能教育硬件等。通过不断研究和探索，我们相信 AI 大模型将在教育领域发挥越来越重要的作用，推动教育事业的进步和发展。

5.1

教育发展现状与改革需求

教育是一种培养人才、传播知识和传递价值观的重要手段。从古代的《师说》到现代的素质教育，教育不仅关乎个人成长，还关系到国家繁荣和社会进步。在广义上，教育是指培养人的综合素质，使个体在社会中具备一定的生活能力、工作能力和适应能力。在狭义上，教育主要指学校教育，包括学前教育、基础教育、高等教育、职业教育和特殊教育等。教育旨在传授知识、培养技能、发展智力、塑造品格，为个体在社会中发挥作用奠定基础。清代张之洞在《创设储才学堂折》中提出"国势之强由于人，人材之成出于学"。教育是国之大计。教育兴则国家兴，教育强则国家强。世界强国无一不是教育强国，教育始终是强国兴起的关键因素。

5.1.1 教育机会的普及

改革开放以来，我国基础教育的普及率不断提高。1980 年，我国初中教育普及率仅为 20%，而到了 2022 年，九年义务教育巩固率为 95.5%。这表明，我国的基础教育已经实现全民普及。

5.1.2 高等教育快速发展

改革开放以来，我国高等教育得到迅速发展。根据教育部的数据，截至 2022 年，我国的高等教育毛入学率已经达到 59.6%。这意味着，我国每年有数百万的学生进入普通高等学校接受高等教育，这无疑是我国教育事业的巨大成就之一。

5.1.3 教育资源的均衡分配

改革开放以来，我国教育资源的分配得到极大改善。政府不断加大对农村和贫困地区教育方面的投入，加强对农村学校和师资力量的扶持，使得教育资源的分配逐渐均衡。同时，政府还加大了对中西部地区高校的投入，使得这些地区的高等教育水平得到了快速提升。2023 年 6 月，中共中央办公厅、国务院办公厅印发的《关于构建优质均衡的基本公共教育服务体系的意见》提出："到 2027 年，优质均衡的基本公共教育服务体系初步建立，供给总量进一步扩大，供给结构进一步优化，均等化水平明显提高。到 2035 年，义务教育学校办学条件、师资队伍、经费投入、治理体系适应教育强国需要，市（地、州、盟）域义务教育均衡发展水平显著提升，绝大多数县（市、区、旗）域义务教育实现优质均衡，适龄学生享有公平优质的基本公共教育服务，总体水平步入世界前列。"

5.1.4 教育质量的提高

改革开放以来，我国的教育质量得到极大提高。目前，我国已建成世界上规模最大的教育体系，教育现代化发展总体水平跨入世界中上国家行列。通过不断改革教育体制，加强师资培养，改进教学方法，我国的学生在国际上的排名也得到极大提升。例如，我国学生在国际数学、科学和阅读能力测试中的排名都已经进入了前列。在世界高等教育研究机构 Quacquarelli Symonds（QS）公布的 2023 年度的世界大学排名中，与2022 年相比，北京大学的排名升高 6 位，排第 12 名，清华大学排第 14 名。

5.1.5 教育国际化的推进

随着全球化的深入发展，我国的教育逐步走向国际化。政府加大了对国际教育的投入，积极推动我国高等教育国际化进程，吸引了越来越多的国际学生来到我国接受教育。同时，我国的一些高校也开始在国际上开展教学和科研合作。

随着我国经济的快速发展和人民生活水平的提高，教育行业将迎来新的机遇和挑战，特别是在教育科技和教育社会责任两大领域。未来，我国将更加注重教育的有效性和公平性。2023 年 3 月，教育部联合海南省人民政府研究制定的《境外高等教育机构在海南自由贸易港办学暂行规定》系统设计了境外高等教育机构在海南自由贸易港办学的基本规则。据悉，境外高等教育机构在海南自由贸易港办学是中外合作办学模式以外的新探索。

5.1.6 当前教育中存在的不足

我国当前教育中存在的主要不足如下。

1. 具有应试教育倾向

在我国，高考制度对教育体系产生了深远影响。作为决定大部分学生未来升学和就业的重要考试，高考的压力无处不在。这种压力不仅影响了学生的日常生活，也深刻塑造了教育体系的形态和目标。为了在高考中取得优异的成绩，学校、教师和家长往往将教育重心偏向于应试技巧（如解题策略、记忆方法等）的训练上，而忽视了对学生综合素质（包括但不限于团队协作能力、沟通技巧、创新思维、批判性思维及道德品质等方面）的培养。这种过度关注分数的现象可能导致学生在面对现实生活中的问题时，缺乏必要的社会适应能力和全面解决问题的能力。各类试题的涌现给学生带来了沉重的学习负担，学习不再是愉悦的，学习任务变得烦琐且艰巨。

2. 知识灌输方式不合适

一直以来，传统教育模式在我国教育体系中占据着主导地位。这种模式以教师为中心，注重知识的单向传递，而忽视了学生的主动探索与实践。在这种模式下，教师被视为知识的源泉和传递者，学生则被期望成为被动的知识接收者和记忆者。这种被称为"填鸭式"的教育方法可能对学生的主动学习能力和探索精神的养成产生负面影响，从而抑制了他们的创新思维和批判性思考能力的发展。因此，在我国教育改革的过程中，有必要对传统教育模式进行深入反思和调整。我们需要转变教育观念，从以教师为中心转向以学生为中心，注重培养学生的主动学习能力和实践能力。同时，加强对学生的创新思维和批判性思考能力的培养，使他们在面对复杂问题时能够提出有创意的解决方案。此外，还要增加实际操作和解决问题的机会，使学生在实际应用中提高自己的技能水平。

3. 忽视个体差异和个性化需求

传统的教育模式倾向于标准化教学，忽视了学生的个体差异和个性化需求。在大规模的教学环境中，教师往往需要按照统一的教学大纲和进度进行教学。然而在实际中，学生个体间的理解能力、兴趣点及学习速度的差异很大，有的学生可能对某个概念一学即会，而有的学生则需要更多的时间去消化、吸收。在这种情况下，传统教育模式无法为不同需求的学生提供个性化的辅导和支持。这种"一刀切"的教育模式可能导致一部分学生的学习兴趣和潜能得不到充分挖掘，甚至可能会挫伤他们的自信心和削弱他们的学习动力。为了满足学生的个性化需求，教育体系应该倡导差异化教学，鼓励教师根据学生的个体差异进行教学设计和实施。

4. 缺乏实践能力和创新能力培养

传统教育注重的是理论知识的传授，但在对学生实践能力和创新能力的培养上存在不足。在这样的教育环境下，学生可能难以将理论知识用于实际，不能适应社会的发展需求。为了改变这一现状，教育部门和学校应该注重实践教学和实践活动的开展，为学生提供更多的实践机会和资源，让学生在实践中学习、探索和创新。例如，可以通过实验室课程、实习项目、社区服务等方式，让学生参与实践并解决实际问题。同时，教育部门和学校也应该注重培养学生的问题解决能力和创新思维，通过案例分析、项目研究、创新竞赛等活动，激发学生的创新意识，培养学生的实践能力。

5. 教育资源分配不均

在传统教育中，教育资源往往集中在一些发达地区和优质学校，而农村地区和一些贫困地区的教育资源匮乏。这些不平衡性不仅体现在东部地区和中西部地区之间，还体现在同一省份不同城市、同一城市的不同区县之间，甚至是同一区县的城镇和农村之间。通常来说，经济发达地区的学校往往拥有更好的师资力量和教学设施，以及更多的资金投入和教学资源，而贫困地区在教学设施、教学资源，特别是师资力量和资金投入上，都要远远落后于发达地区。

6. 缺乏终身学习的理念

在快速发展的社会环境中，仅依赖学校阶段的学习已经无法满足个人和社会的需求。为了培养学生的终身学习意识和能力，教育部门和学校应该注重培养学生的自主学习能力和学习方法，提供丰富的学习资源和平台，鼓励学生进行自主探索和自我发展。此外，学校应该加强和社会各行业的合作，通过职业培训、继续教育、在线学习等方式，为学生提供各种学习和提升的机会，帮助学生不断提升自己的能力和素质，以适应不断变化的社会环境。

5.2
AI 大模型在教育领域的应用与探索

5.2.1　AI 大模型与个性化教学

AI 大模型能够根据学生的历史学习数据，分析学生的学习习惯、能力和兴趣，为每个学生提供个性化的学习资源和教学方案。这有助于提高学生的学习兴趣和效率，实现因材施教。

1. 个性化教学强调针对性和独特性

个性化教学是一种以学生个体差异为中心的教学理念和实践方法，强调教育的针对性和独特性。这种教育模式与传统的一刀切教育模式有很大区别，它旨在满足每个学生在学习风格、兴趣、能力和进度上的独特需求。在个性化教学中，教师扮演的角色不仅是知识的传递者，还是学生学习过程的引导者和协作者。教师和学校需要深入了解每个学生的学习特性，包括学生的学习习惯、认知风格、优势和劣势、兴趣领域等，并据此制订出适合每个学生的个性化教学计划。

2. AI 大模型赋能个性化教学

个性化教学是教育领域的一个重要趋势，它强调根据每个学生的独特性来设计和实施教学活动。在这个过程中，AI 大模型作为一种强大的工具，正在发挥着越来越重要的作用。

AI 大模型能够通过收集和分析学生的历史学习数据（其中可能包括学生的课堂表现、作业完成情况、测试成绩、在线学习行为等多方面的信息）总结出学生在学习过程中的优势和劣势，以及他们对不同学科和知识点的兴趣与偏好。基于这些分析结果，AI 大模型可以为每个学生定制个性化的学习资源和教学方案。例如，对于在某个学科中表现出色的学生，AI 大模型可能会推荐更高级别的课程或更具有挑战性的项目，以进一步激发他们的潜力和兴趣；而对于在某个知识点上存在学习困难的学生，AI 大模型可能会提供更具针对性的教学材料和练习题，帮助他们理解和掌握这个知识点。

案例：希沃教学大模型

2023 年 10 月，视源股份旗下教育数字化应用及服务提供商广州视睿电子科技有限公司发布希沃教学大模型。在教育领域，教师的专业成长是一个持续不断的过程。针对这一过程，希沃提出了一些富有创新性的解决方案。他们关注的核心问题是"教什么"和"怎么教"，并认为培养教师驾驭人工智能的能力是解决这两个问题的关键。为此，希沃致力于为教师创设安全、丰富、有趣的课堂环境，确保每个学生都能完整、真实地参与教学过程。同时，希沃利用新技术实现"教学评"的一致性，逐步建立起一个内涵丰富、关注个性的教学系统。

在未来，希沃教学大模型将被搭载到更多的数字化产品上，以帮助教师探索教育数字化的创新模式。对于希沃来说，希沃教学大模型的内测将是一个重要的开端。他们认为，教育是一个复杂的系统，需要不同工具的配合，而他们的大模型则是其中之一。他们愿意全面拥抱新技术，充分挖掘自身在算法、数据、场景方面的积累，深度结合软硬件系统，融合多模态的信息，与最优秀的合作伙伴一道以最佳的方式解决教师在教室的教学问题。

此外，希沃还展示了搭载 AI 算力芯片和希沃教学大模型的希沃第七代交互智能平板。这一新型教学终端不仅延续了触控灵敏、配备防水雾 AG 防眩光玻璃和画质高清等优点，还融合了 AI 技术，成了一个有"大脑"的终端。希沃第七代交互智能平板具有高效的本地化运算处理能力，能智能化采集师生互动等课堂数据，及时生成课堂分析报告，帮助教师进行教学反思和改进。同时，它还注重数据的安全性和稳定性，在硬件和软件层面都进行了全面的加密和安全策略设置。这一新型教学终端为教师提供了一种全新的、以数据为基础的教学方式，通过 AI 技术的支持，教师可以更好地理解学生的需求和特点，为自己提供更多、更好的教学策略和工具。

希沃教学大模型的希沃课堂智能反馈系统与教学全流程形成闭环，能够辅助教师的教学。它能够实现课堂教学过程实时分析，生成课堂教学分析报告，内容包含课堂视频、文字实录，以及教学过程中教师教学、学生学习、课堂内容等方面的数据分析和建议。教师可根据分析报告优化教学设计和实施，并制订针对性的培训计划。此外，该系统还可以多维度还原课堂，它包含孪生课堂、文字实录、智能视频等功能，通过这些功能它能够深度还原课堂细节。教研管理者可以根据智能分析生成的可视化课堂数据报告和建议，诊断、分析教师课堂教学的薄弱环节，给予反馈和指导，帮助教师成长。

综上所述，希沃通过提供一系列创新性的解决方案和产品，致力于帮助教师在教学过程中实现专业成长。他们注重利用新技术和智能化手段解决教师的痛点，提高教学效果和学生的参与度。同时，他们也积极拥抱新技术并寻求与优秀合作伙伴的合作，以提供更优质的教学工具和资源。

5.2.2 AI 大模型与智能辅导

AI 大模型在教育领域的应用正在以前所未有的方式改变着传统的教学方式和学习体验。这种变革不仅体现在教学设计和课程安排的优化上，也体现在作业批改和反馈的精准化上。

首先，从教学设计和课程安排的角度来看，AI 大模型的作用日益凸显。在教学设计方面，通过深度分析大量的教学数据和研究成果，AI 大模型能够为教师提供更为科学、精准的教学策略和方法。例如，AI 大模型可以根据每个学生独特的认知水平和学习风格，推荐最适合他们的教学内容和教学手段。这种个性化教学方案的制订，有助于提高学生的学习兴趣和效率，实现因材施教。此外，通过对历史教学数据的深度学习，AI 大模型还可以预测学生在某个知识点上的掌握程度和学习困难点。这种预测能力对教师来说具有极大的价值，它可以帮助教师提前做好教学准备并及时进行教学方案调整，有针对性地解决学生在学习过程中可能遇到的问题，从而提升教学质量。

在课程安排方面，AI 大模型同样可发挥重要作用。基于学生的学习进度和能力差异，AI 大模型可以自动调整课程难度和节奏，确保每个学生都能以适合自己的学习速度在适合自己的学习深度上进行学习。这种灵活的课程安排方式不仅有利于学生的个性化发展，也有利于教师更好地关注和满足学生的个体需求。同时，AI 大模型还可以根据学生的兴趣和需求，为学生推荐相关的扩展阅读材料和实践活动。这些丰富的学习资源和活动不仅可以丰富和深化学生的课堂学习体验，还可以激发学生的学习兴趣和探索精神，培养他们的创新能力和实践能力。

其次，AI 大模型在作业批改和反馈方面的优势也非常明显。使用传统方式进行作业批改往往意味着教师需要花费大量时间和精力，而且容易受到主观因素的影响。相比之下，AI 大模型可以通过算法自动批改客观题型的作业，并提供详细的评分和错误分析。这种自动化批改方式不仅可以大大提高作业批改的效率和准确性，减轻教师的工作负担，也可以让教师有更多的时间和精力关注学生的个性化需求和问题。同时，通过精确的错误分析，教师可以更准确地了解学生在知识掌握上的不足之处，为后续的教学制订更有针对性的方案。

除了作业批改，AI 大模型还可以为学生提供实时的学习反馈和建议。通过监测学生的学习行为和表现，AI 大模型可以立即识别出学生在学习过程中遇到的困难和进入的误区，并提供相应的辅导和支持。例如，如果学生在解答一道数学题时遇到困难，AI 大模型可以立即给出该数学题的解题思路和步骤，或者为学生推荐相关的学习资源和练习题，帮助学生快速理解和掌握该数学题涉及的知识点。这种即时的学习反馈和建议不仅可以帮助学生及时发现并解决问题，还可以增强他们的自我监控和自我调整能力，培养他们的自主学习和创新能力。

例如，借助 Sora 模型，家长能够根据孩子的兴趣和学习能力为其定制视频。如果一名学生在数学方面有困难，Sora 模型可以创建个性化视频，以学生易于理解的方式讲解复杂概念，这样比枯燥无味的概念介绍更令人印象深刻，同时也容易让学生产生好奇心。Sora 模型还可以生成与儿童心理健康和育儿技巧等相关的科普视频，帮助家长更有效地育儿。

5.2.3 AI 大模型与在线教育

随着科技的快速发展，AI 大模型正在深刻地改变着教育领域，这种改变尤其体现在在线教育平台的应用中。AI 大模型以其强大的数据处理和分析能力，为在线教育带来了前所未有的智能化发展，使得在线教育平台在在线课程的推荐、对学生学习进度的跟踪及对学生学习效果的评估方面变得更加精准和高效。

首先，AI 大模型在在线课程的推荐方面发挥了重要作用。传统的在线教育平台往往采用简单的搜索和分类方式来帮助学生找到适合自己的课程，但这种方式通常未能考虑学生的个性化需求和兴趣。而 AI 大模型则可以通过收集和分析学生的个人信息、学习历史、行为数据等多维度信息，精准地识别出学生的兴趣和能力水平，从而为他们推荐最合适的在线课程。

这种个性化的课程推荐不仅可以提高学生的学习兴趣和满意度，还可以帮助他们利用有限的时间和资源，更有效地获取和掌握知识。此外，AI 大模型还可以根据学生的学习反馈和评价，动态调整课程推荐策略，以满足学生不断变化的学习需求。

其次，AI 大模型在对学生学习进度的跟踪方面具有显著的优势。通过实时监测和分析学生在在线学习过程中的行为和表现，AI 大模型可以准确地了解学生的学习进度和理解程度，及时发现学生在学习过程中可能遇到的问题和困难，并提供相应的辅导和支持。例如，当学生在某个知识点上花费过多的时间或者频繁出错时，AI 大模型可以自动识别并推送相关的学习资源和练习题，帮助学生巩固和提升对这个知识点的理解和应用能力。这种精细化的学习进度跟踪和管理方式，不仅可以提高学生的学习效率和成绩，也可以增强他们的自我监控和自我调整能力。

再次，AI 大模型在对学生学习效果的评估方面有着重要的应用价值。传统的学习效果评估方式往往依赖标准化的测试和考试，这种方式虽然可以量化学生的学习成果，但也存在一定的局限性和偏见。而 AI 大模型则可以通过深度学习和机器学习算法，对学生的在线学习行为和表现进行全方位、多层次的分析和评估。这种智能化的学习效果评估不仅可以更准确地反映学生的真实学习水平和进步情况，也可以为教师和教育机构提供更为全面和深入的教学反馈和改进策略。例如，通过分析学生在在线课程中的互动频率、参与度、完成度等指标，AI 大模型可以评估学生的学习态度和投入程度，为教师提供有针对性的教学建议和对学生的激励措施。

5.2.4　AI 大模型与语言学习

AI 大模型以其强大的自然语言处理能力正在深刻地影响着语言学习领域。AI 大模型通过深度学习和大规模数据训练，能够理解和生成高质量的自然语言文本，为语言学习者提供诸多便利和优势。

首先，AI 大模型在语法检查方面具有显著的优势。传统的语法检查工具往往只能识别出一些基本的语法错误，而对于复杂的句法结构和语境依赖性错误则显得无能为力。而 AI 大模型则可以通过深度学习算法，深入理解和分析语言的复杂性和多样性，提供更精准和全面的语法检查服务。例如，当语言学习者在写作过程中出现语法错误或表达不清晰的情况时，AI 大模型可以立即识别出这种情况并提示正确的语法结构和表达方式，帮助语言学习者及时纠正错误，提高语言表达的准确性和流畅性。这种实时的语法检查功能不仅可以节省语言学习者的学习时间和精力，而且可以增强他们的语言表达能力和自信。

其次，AI 大模型在翻译方面发挥了重要作用。随着全球化的快速发展，跨语言交流的需求日益增加，而语言学习者的语言水平和翻译能力却常常成为沟通的障碍。AI 大模型可以通过大规模的数据训练和多语言模型构建，实现准确性高且快速的机器翻译。无论是书面文本还是口头对话，AI 大模型都可以提供实时的翻译服务，帮助语言学习者理解和表达不同语言的信息和观点。这种高效的翻译服务不仅可以拓宽语言学习者的知识视野，增加他们的文化交流机会，也可以提升他们的跨文化交际能力和全球竞争力。

再次，AI 大模型在写作指导方面有着广泛的应用。写作是语言学习中的重要组成部分，但对许多语言学习者来说，如何写出清晰、有逻辑和有说服力的文章是一项挑战。AI 大模型可以通过分析大量的优秀文章和写作技巧，为语言学习者提供个性化的写作指导和建议。例如，当语言学习者在写作过程中遇到选题、构思、组织和修订等问题时，AI 大模型可以提供相关的写作素材、结构模板和修改意见，帮助他们提高写作的质量和效率。这种智能化的写作指导不仅可以帮助语言学习者培养创新思维和批判性思考能力，也可以培养他们的写作技能和自我表达能力。

除了以上 3 个方面以外，AI 大模型在语言学习的其他方面也有所应用，如语音识别、情感分析、语义理解等，这些功能都极大地提升了语言学习的便捷性和效率，使得语言学习者能够在任何时间、任何地点进行自主、个性化的学习。例如，借助 AI 大模型，不会外语的家长也可以制作多语言教育内容，支持孩子的语言学习。

5.2.5　AI 大模型与教育管理

1. 学生管理

　　AI 大模型的应用正在逐渐改变传统的学校管理方式。学校需要管理大量的学生信息，包括学生的个人信息、学习情况、出勤记录等。这些信息的管理和分析是一项复杂而烦琐的任务，但是 AI 大模型的出现为完成这项任务带来了便利。通过对学生数据的收集和分析，AI 大模型可以帮助学校更好地了解每个学生的情况，从而为学生提供更加个性化的教学和辅导。例如，如果一个学生在学习数学方面遇到了困难，AI 大模型可以通过分析该学生的学习数据，发现他的数学基础薄弱，然后为他推荐合适的数学学习资源。

2. 教师管理

　　学校需要管理大量的教师信息，包括教师的个人信息、教学情况、评价记录等。可将 AI 大模型用于教师信息管理系统，帮助学校更好地管理教师信息。通过数据分析，AI 大模型可以帮助学校评估教师的教学表现，提供教学改进建议，以及进行教师绩效评估。例如，如果一个教师在某门课程上的教学效果较差，AI 大模型可以通过分析该教师的教学数据，发现他的教学方法和技巧可能存在问题，然后为他提供针对性的教学改进建议。

3. 课程管理

　　学校在规划与调整课程设置时，需要充分考虑学生个体的学习需求、兴趣特长，以及教师的教学能力和教师对应的专业领域，以实现教育资源的最优配置和个性化教学。然而，这涉及大量数据的收集、整理与分析工作，使用传统方式往往耗时、费力且难以精准把握每个学生的特性。AI 大模型通过深入挖掘并整合学生的学习成绩、行为习惯、兴趣偏好等多维度数据，能够进行深度学习和智能预测，为每个学生量身定制个性化的课程推荐方案。例如，针对对科学抱有浓厚兴趣的学生，AI 大模型可以通过全面分析该学生的历史学习记录、学科表现，以及对科学领域的独特见解和热情程度，精确匹配适合其水平和兴趣点的科学课程，并进一步推荐与其学习进度和理解能力相符的学习资料。

4. 教学质量评估

　　随着 AI 大模型的应用，传统的教学质量评估方式正在逐步被改变。学校需要评估教师教学效果和学生学习成果，以了解教师的教学质量和学生的学习情况。然而，传统的评估方式往往存在主观性和片面性等问题。通过应用 AI 大模型进行数据分析和挖掘，教学质量评估可以更加客观、全面和准确。例如，AI 大模型可以分析学生的学习数据和教师的教学数据，评估学生的学习效果和教师的教学质量。同时，AI 大模型还可以发现教学中的问题和改进方向，为学校提供针对性的教学改进建议。这种基于数据分析的教学质量评估方式不仅可以提高评估的准确性和公正性，也可为学校提供更有针对性的教学改进方案，从而整体提高教师的教学质量和学生的学习效果。

5. 学校资源管理

AI 大模型正在成为学校资源管理的得力助手。随着教育现代化和信息化进程的不断推进，学校需要管理的资源越来越多，包括教学资源、设备、场地等。如何合理分配和利用这些资源，提高资源利用率，是学校面临的一个重要问题。AI 大模型通过收集和分析学校资源的使用情况、学生需求和教学效果等多方面的数据，能够发现资源利用中的浪费和不足。例如，如果一个实验室的设备经常闲置，AI 大模型可以分析出设备的使用频率和需求，为学校提供设备调整或共享的建议。

2024 年全国教育工作会议指出："要不断开辟教育数字化新赛道。坚持应用为王走集成化道路，以智能化赋能教育治理，拓展国际化新空间，引领教育变革创新。" 2024 年 2 月，根据《教育部办公厅关于开展中小学人工智能教育基地推荐工作的通知》，各省级教育行政部门共推荐了 184 个中小学人工智能教育基地。《教育信息化 2.0 行动计划》强调"以人工智能、大数据、物联网等新兴技术为基础，依托各类智能设备及网络，积极开展智慧教育创新研究和示范，推动新技术支持下教育的模式变革和生态重构"。此外，还启动了"人工智能＋教师队伍建设行动"，推动人工智能支持教师治理、教师教育、教育教学、精准扶贫的新路径；创新师范生培养方案，完善师范教育课程体系，加强师范生信息素养培育和信息化教学能力培养；加强学生信息素养培育，将学生信息素养纳入学生综合素质评价，并将信息技术纳入初、高中学业水平考试。

5.3

AI 大模型在教育领域的挑战

5.3.1 数据隐私与安全

AI 大模型的应用日益广泛，其强大的数据处理和分析能力为教育领域带来了前所未有的变革和机遇。然而，随着大数据和人工智能技术的深入应用，数据隐私和安全问题日益凸显，特别是在涉及大量学生的个人信息和学习数据的情况下。学生的个人信息和学习数据是他们的个人隐私，包含他们的学习习惯、兴趣、能力、成绩等敏感信息。这些信息如果被不当使用或泄露，可能会对学生的权益和利益造成严重损害，甚至影响到他们未来的生活和发展。因此，保护学生数据的隐私和安全不仅是法律的要求，也是道德和社会责任的体现。

首先，我们需要明确的是，学生的个人信息和学习数据是他们的个人隐私，应该受到法律的保护。在许多国家和地区，都有相关的法律法规规定了对个人隐私的保护，包括对学生的个人信息和学习数据的保护。因此，任何机构或个人在收集、使用、存储和传输学生的个人信息和学习数据时，都应该遵守相关的法律法规，确保学生的个人隐私得到充分保护。

其次，我们需要采取一系列措施来保护学生数据的隐私和安全。一方面，我们应该加强对学生数据的加密和存储管理，确保数据不会被未经授权的人员访问和使用。另一方面，我们应该建立完善的数据管理制度和流程，包括数据的收集、使用、存储和传输等环节，确保数据的合法性和规范性。此外，我们还应该加强对数据的备份和恢复工作，防止数据丢失或损坏。

5.3.2 教育公平性问题

个性化教学作为 AI 大模型在教育领域的应用，其背后的教育资源不平等分配问题不容忽视。这种教学方式主要依赖先进的技术和深度的数据分析，而这可能导致一部分学校因为缺乏必要的技术和资源而无法有效实施个性化教学，从而加剧教育的不公平现象。

● AI 大模型的应用需要大量的数据和计算资源作为支撑。这些资源包括但不限于高速的网络环境、高性能的计算机设备及海量的学习数据等。然而，在一些经济条件较差或地理位置偏远的学校，要获取和维持这些资源可能会面临巨大的挑战。这不仅限制了这些学校实施个性化教学的能力，也使得那里的学生无法享受更好的教育资源和教学方案，进而可能影响他们的学习效果和未来的发展潜力。

● AI 大模型的应用需要专业的技术人员和教师进行操作和指导。这些技术人员和教师只有具备一定的数据分析能力、技术操作技能及教育理论知识，才能有效地利用 AI 大模型进行个性化教学。然而，在许多学校，尤其是那些教育资源匮乏的学校，可能难以吸引和留住这样的专业人才。这将导致这些学校的教师在实施个性化教学时面临困难，学生也可能因此无法获得充分的个性化指导和帮助，进一步影响他们的学习效果和未来的发展机会。

5.3.3 教师角色转换

随着 AI 大模型在教育领域的应用越来越广泛，教师的角色将发生深刻变化。这种变化不仅涉及教学方式和方法的改变，还涉及教师对自身角色定位和价值的重新审视。因此，如何帮助教师适应这种变革，发挥教师在新时代教育中的独特价值，是当前教育领域需要重视的问题。

1. 教师角色转换的必然性

随着 AI 大模型在教育领域的应用，传统的教学方式和方法已经无法满足现代教育的需求。AI 大模型的应用使得个性化教学成为可能，学生可以根据自己的兴趣、能力和需求进行自主学习和个性化发展。教学方式逐渐转变为以学生为中心，强调学生的主体地位和个性发展。在这种教学方式下，教师需要关注学生的兴趣、需求和问题，提供个性化的指导和帮助，引导学生自主学习和思考。

2. 教师角色转换的挑战

教师角色转换面临着许多挑战。首先，教师需要适应新的教学方式和方法，掌握新的教学技能和工具。这需要教师不断学习和更新知识，提高自己的专业素养和教学能力。教师需要学习如何使用 AI 大模型等先进技术，了解如何根据学生的需求和兴趣进行个性化教学。

其次，教师需要重新审视自己的角色定位和价值。在传统的教学方式中，教师在知识上具有权威性，是知识的传授者，而在新的教学方式中，教师需要成为学生学习和发展的引导者和促进者。这需要教师转变观念，以平等和开放的心态与学生互动和交流。教师需要尊重学生的主体地位，关注学生的个性和需求，与学生建立良好的师生关系。

最后，教师需要适应新的教育环境和社会环境。随着信息技术的不断发展，教育环境和社会环境也在不断变化。教师需要不断学习和适应新的环境，以更好地服务于学生的发展。他们需要了解新的教育理念和方法，关注社会发展的趋势和需求，不断提高自己的综合素质和能力水平。

3. 如何帮助教师适应角色转换

为了帮助教师适应角色转换，可以采取以下措施。

- 加强教师培训和教育。通过定期举办培训班、研讨会等活动，帮助教师掌握新的教学技能和工具，提高教师的专业素养和教学能力。教师需要掌握的内容包括如何使用 AI 大模型等先进技术进行个性化教学、如何根据学生的需求和兴趣进行课程设计和教学策略制定等。

- 鼓励教师进行实践探索和创新。通过开展教学实践、课题研究等活动，鼓励教师探索新的教学方式和方法，提高教学效果和质量，包括鼓励教师尝试新的教育模式、教学方法和技术手段，关注学生的学习效果和反馈，不断改进和完善教学方式和方法。

- 建立良好的师生互动关系。通过加强师生之间的互动和交流，建立良好的师生关系，营造和谐的教学氛围，提高学生的学习效果和兴趣。

- 加强对教师的支持和帮助。通过提供必要的技术和资源支持，帮助教师解决教学中的问题和困难，提高教师的教学效果和质量，包括为教师提供必要的技术支持和资源保障、建立完善的教学评价体系、加强对教师的教学督导和管理等。

5.4
AI 与教育深度融合的展望

5.4.1　跨模态学习

跨模态学习作为一种新兴的教育技术趋势，正在逐步颠覆我们对传统教育模式的认知。随着多媒体技术和人工智能技术的飞速发展，未来的 AI 大模型将不再局限于处理文本数据，而是能够无缝地整合和理解多种类型的数据，包括但不限于图像、音频、视频等多模态信息。

跨模态学习的主要作用如下。

首先，跨模态学习能够极大地丰富学生的学习体验。传统的教育模式往往过于依赖文本进行信息传递，忽视了视觉、听觉等其他感官通道在学习过程中的重要作用。通过跨模态学习，学生可以接触到更为生动、直观的学习材料，如高清图片、动态视频、语音讲解等。这些多元化的信息载体不仅能够吸引学生的注意力，激发他们的学习兴趣，还能够通过多感官刺激增强他们对知识的理解和记忆效果。例如，在学习历史事件时，除了阅读事件的相关文字描述，学生还可以观看相关的影像资料，聆听历史人物的录音，甚至通过虚拟现实技术亲身体验历史场景，从而获得更深刻、全面的理解和更牢固的记忆。

其次，跨模态学习有助于提升学生的综合能力。在现实生活中，我们接收到的信息往往是多模态的，我们需要使用我们的大脑对信息进行跨模态的整合和解析。通过跨模态学习，学生可以在模拟真实情境的过程中锻炼自己的跨模态思维能力和问题解决能力。例如，在学习科学知识时，学生可以通过观察实验图像、听取实验过程的讲解、动手操作实验设备等方式，同时调动视觉、听觉和触觉等多个感官通道，深入理解和掌握科学原理。这种跨模态的学习方式不仅可以帮助学生提高学习效率，还有助于培养学生的创新意识和实践能力。

5.4.2　情感计算与教育心理学结合

情感计算与教育心理学的结合是未来 AI 大模型在教育领域发展的重要方向。通过将情感计算技术与教育心理学理论相结合，AI 大模型能够更深入地理解和分析学生的情感需求和心理健康状况，具体体现在如下几方面。

- 情感状态识别与教学策略调整。通过运用深度学习、计算机视觉和自然语言处理等先进技术，AI 大模型可以精确捕捉和解读学生的语音、面部表情、肢体动作等非语言信息，实时监测学生的情绪变化，如快乐、悲伤、焦虑、困惑等情绪的转变。这种精准的情绪识别能力使得 AI 大模型能够及时发现学生的学习困扰和情绪波动，并据此提供相应的教学策略和支持。例如，当 AI 大模型检测到学生表现出焦虑或困惑的情绪时，它可以适时调整教学节奏，为学生提供更具针对性的辅导和答疑，帮助学生缓解压力，提高学习效果。

- 学习动机和动力的科学评估与干预。教育心理学研究表明，学生的学习动机和动力受到多种因素的影响，包括自我效能感、目标设定、反馈机制等。通过深入分析学生的学习行为和表现数据，AI 大模型可以识别出影响学生的学习动机和动力的关键因素，并据此提供个性化的激励和反馈。例如，对于自信心较弱的学生，AI 大模型可以提供更多的鼓励和正面反馈，帮助他们建立自我效能感；对于学习目标不明确的学生，AI 大模型可以引导他们设定具体、可达成的学习目标，激发他们的学习动力。此外，AI 大模型还可以根据学生的个体差异和兴趣爱好，推荐符合他们个性化需求的学习资源和活动，进一步增强学生的学习兴趣和动力。

- 心理健康的全面支持。随着社会竞争压力的增大和网络环境影响程度的加深，学生的心理健康问题日益突出。通过持续监测和分析学生的行为和情绪数据，AI 大模型可以在早期发现学生可能出现的心理问题，如抑郁、焦虑、孤独等，并及时提供干预支持。例如，AI 大模型可以通过推荐专业的心理咨询服务、提供科学的情绪管理技巧、建立社交支持网络等方式，帮助学生维护和提升心理健康水平。同时，AI 大模型还可以通过生成个性化的心理健康报告和建议，为教师和家长提供有价值的信息和指导，共同促进学生的心理健康和发展。

5.4.3　智能教育硬件

随着物联网技术的飞速发展，智能教育硬件正在逐步改变传统的教育模式，为学生提供更加智能化、便捷的学习环境和服务。这种改变不只是技术层面的升级，更是教育理念和教学方法的重大转变。

智能教育硬件的普及将使得学生学习变得更加个性化、更具有灵活性。通过集成 AI 大模型，这些硬件设备可以根据每个学生的学习习惯、能力和兴趣，为学生提供定制化的教学方案。例如，智能学习平板电脑可以通过分析学生的学习数据，为学生推荐最适合他们的学习资源和课程，同时根据学生的反馈和表现调整教学策略，实现因材施教。这种方式将传统一刀切的教学转变为个性化的教学，使学生能够根据自己的节奏和兴趣进行学习，提升学习效果。

另外，智能教育硬件可以提供实时的学习反馈和评估。通过内置的传感器和算法，这些硬件设备可以监测学生的学习过程和行为，如阅读速度、注意力集中程度、答题正确率等，并即时给出反馈和建议。这种实时的学习反馈有助于学生及时发现问题并调整学习策略，提高学习效率。同时，教师可以利用智能教育硬件提供的实时数据来了解学生的学习进度和对知识的掌握情况，从而更好地指导学生的学习。

在课堂环境中，智能教育硬件可以提升教学质量和互动性。例如，智能白板可以与教师的计算机、手机等设备无缝连接，实现多媒体教学和远程协作。教师可以利用智能白板进行动态演示、实时批注和互动问答，激发学生的学习兴趣。同时，学生也可以通过智能终端设备参与到课堂讨论和小组合作中，增强自身的团队协作和沟通能力。这种方式将传统的单向传授转变为双向互动的教学方式，使学生能够更加积极地参与到课堂中来。使用智能白板的示意如图 5-1 所示。

图 5-1　使用智能白板的示意

除了课堂教学以外，智能教育硬件的应用还可以扩展到课外学习和家庭教育中。例如，智能语音助手可以帮助学生查询资料、解答学生的疑问、帮助学生制订学习计划等，减轻家长和教师的负担；智能翻译笔则可以为学生提供多语言学习的支持，打破语言障碍，拓宽学生的知识视野。同时，家长也可以利用智能教育硬件来监督孩子的学习进度和表现，及时给予其指导和支持。

案例：AI 大模型 + 教育

2023 年 8 月，讯飞星火认知大模型发布升级版。学校管理者、教师等只需要用简短的语言描述需求，便可以通过应用开发助手轻松搭建轻应用。这些应用全部在教育数字基座中完成，当地教育、政府部门等负责把控底座平台效能，从而有效节约信息化建设成本。

教育数字化的最终目的是服务于育人，实现教与学的高效协同。教育数字基座致力于构建一个融"数联、物联、智联"为一体的教育应用开发生态（这也是数字化校园发展的未来趋势）。上海、湖北等地试点学校的应用成效表明，教育轻应用的平均开发周期得到大幅度缩短，平均投资成本也显著降低。

在新的教育环境下，教师需要适应新课程、新教材、新高考的变革，备课、制作课件、考核评价等工作成为他们的主要压力之一。为了解决这一问题，科大讯飞推出了全新的星火教师助手。教师可以借助这一工具"瞬间"完成单元教学规划、教学活动设计和课件制作等任务。根据前期试用反馈，星火教师助手的效率极高，能够大幅度提升教师的教学工作效率，获得了教师们的高度好评。

在科大讯飞的 AI 学习机中，AI 一对一教育引导能力已经相当成熟。讯飞星火认知大模型升级版推出后，AI 学习机又迎来了编程与绘画两位"新老师"，使得"大模型 + 素质教育"的赋能更加完善。人工智能新范式将目前少儿编程、少儿绘画的双师课堂在 AI 学习机中简化为全天候的一对一 AI 课堂，为少儿提供了更加广阔的创作空间，这也是 AI 学习机近年来销量猛增的原因之一。

此外，科大讯飞还推出了星火语伴 App，为不同阶段的学生和商务人士提供一对一的 AI 教师服务。该应用具备口语模考、情景交流等多种功能，能够创新性地解决 CET、雅思、托福等口语模拟考试的问题，并在考试后给出智能评价反馈，帮助用户提升自主学习效果。

当然，这些成果并非一蹴而就的，而是科大讯飞长期努力的结果。作为一家以语音技术起家的公司，科大讯飞最早从学校刚需切入教育行业的相关业务，如普通话考试、口语考试等。随着业务覆盖面的不断扩大，科大讯飞逐渐将目光转向 C 端市场，并逐步扩大 C 端业务占比。同时，针对校园新需求，如课后三点半服务等，科大讯飞也在积极推进相关业务。

近年来，随着深度学习和神经网络技术的突破，人工智能技术的门槛逐渐降低。更多企业开始涉足人工智能领域，这为人工智能 + 教育的发展提供了更多机会。然而，科大讯飞董事长刘庆峰认为，尽管国内人工智能技术取得了一定的进展，但在某些方面（如生成式 AI 方面）仍落后于国际领先水平。他指出，生成式 AI 将会彻底改变当今社会的生产和生活方式，而大模型的发展为人工智能带来了新的发展机遇。

为了进一步提升人工智能技术在教育领域的应用水平，科大讯飞启动了"1+N 认知智能大模型技术及应用"专项攻关计划。该计划旨在研发通用认知智能大模型平台，并将认知智能大模型技术应用在多个行业领域中，形成独具优势的行业专用模型。科大讯飞在认知智能大模型综合研发实力、持续关键技术突破和创新能力等方面具有丰富的经验和技术储备。通过人工智能技术的不断突破和应用拓展，科大讯飞致力于推动教育等领域的产业变革和升级。

随着讯飞星火认知大模型的推出，科大讯飞的教育产品（如星火教师助手、星火语伴 App 等）得到了深度赋能。这些教育产品为教师和学生带来了全新的体验，让教育更加智能化、精准化。它们不仅解放了教育生产力、规范化了工作流和数据流，还为个性化学习、学情分析、测评与评价等教育教学场景提供了强大的支持，同时让教育回归本质，帮助每个学生实现自我成长和自我超越。

第 6 章

AI 大模型与医疗健康：智慧医疗的新纪元

随着人工智能技术的飞速发展，AI 大模型在医疗健康领域的应用日益广泛。AI 大模型能够从海量医疗数据中提取有价值的信息，帮助医生进行更准确的诊断和治疗。同时，AI 大模型还可以通过预测分析，提前发现人们身体中潜在的健康问题，为人们提供个性化的健康管理和预防方案。通过了解 AI 大模型在医疗健康领域的应用和潜力，我们可以更好地理解智慧医疗的新纪元所带来的挑战与机遇。

6.1

医疗健康行业的挑战与机遇

医疗健康行业是一个涵盖广泛服务和产品的综合性行业，它致力于维护、恢复和提升个体和群体的健康水平。这个行业不仅包括传统的医疗服务，如医院治疗、药物治疗和手术等，还涉及健康管理、预防保健、康复治疗、公共卫生、医疗教育和研究等多个方面。AI 大模型为医疗健康行业带来了前所未有的变革机遇，同时也伴随着一系列挑战。行业需要在技术创新、数据治理、伦理法规等方面不断探索和完善，以实现 AI 技术在医疗健康领域的健康发展和广泛应用。

6.1.1　医疗行业发展

医疗服务是指医疗机构以医疗技术为手段，以患者和特定社会群体为主要服务对象，向社会提供满足人们医疗需求的产品和服务。然而，在医疗服务市场中，患者往往无法掌握相关医疗信息，在选择医疗服务时需要承担一定的风险。而且在大多数情况下，患者只能向医生寻求信息，但由于存在信息不对称问题，患者可能无法完全理解信息而做出错误的选择。与其他产品和服务相比，医疗服务往往具有不可更改性、不可重复性和不可逆转性等特点。

1. 全球医疗行业面临的挑战

尽管全球性的疫情给医疗健康行业带来巨大的冲击和挑战，但它也推动了该行业的快速发展和创新。在抗击疫情的过程中，全球医疗健康行业迅速采取了一系列应对措施，包括加强卫生设施建设、优化医疗资源配置、推动行业数字化转型等，以提高医疗保健服务的效率和质量。然而，随着疫情逐渐得到控制，全球医疗健康行业面临着更复杂的挑战和风险。

全球医疗健康行业面临着医疗问题复杂性提高的挑战。全球性的疫情之后，人们对医疗保健的需求和期望越来越高，这意味着医疗机构需要提供更为多样化、个性化的服务。此外，人口老龄化和慢性病的增加也使得医疗保健需求更为复杂。全球范围内的医疗保健服务要面对不同地区、不同人群的需求差异，这给行业带来了巨大的挑战。受城市化快速发展、医疗水平提高、人类寿命逐渐延长等因素推动，世界人口高速增长，人口老龄化已是世界人口发展的必然趋势，尤其是发展中国家人口老龄化增速明显。人口老龄化程度加深，意味着未来需求端对医疗健康服务会有更高的数量与质量上的要求，因此，以往定位于年轻群体的医疗服务乃至社会基础设施体系将难以有效满足人口老龄化社会的严峻的诊疗需求。

全球医疗健康行业的风险变得更高。在抗击疫情的过程中，我们发现了医疗资源紧张、医疗保健工作者压力倍增等问题。这些问题不仅提高了对医疗机构管理和应对能力的要求，也提醒我们未来可能面临更多类似的危机。疫情的暴发让人们认识到医疗保健体系的脆弱性，迫使各国政府和各医疗机构提高风险管理和危机应对能力，以应对未来可能出现的疫情和突发事件。

COVID-19疫情发生以来，全球医疗健康产业面临多重挑战，包括地缘政治冲突、能源紧缺和通胀高企等。这导致全球医疗健康产业融资事件大幅度减少，相应的投资总额也降低。然而，资本十分理性，投资策略更注重优质标的。不同收入国家的医疗费用支出差距进一步扩大，高收入国家与低收入国家的差距已经从2000年的51倍扩大到了2019年的58倍。这导致全球医疗资源的分布更加不均衡。生物药在全球医药市场中表现出强劲的增长动能，而传统化学药的市场规模受到挤压。预计未来生物药的复合年增长率将达到11.9%，显著领先于化学药的2.3%。全球生物医药产业呈现出集群式发展趋势。美国、日本和欧洲等国家和地区在生物医药产业方面具有显著优势。我国的生物医药产业也得到了快速发展，不仅在化学原料药及制剂、中药等传统领域具有发展优势，而且在双特异性抗体、抗体偶联药物、细胞基因治疗等前沿技术领域也蓬勃发展。在医疗器械市场方面，北美洲和欧洲占据主导地位，但亚太地区和拉丁美洲等新兴市场的增长速度更快，备受关注。在医疗服务方面，全球的医疗服务产业呈现出向更高附加值、更广年龄跨度发展的趋势，医疗美容、慢病管理、健康管理、辅助生殖等服务不断涌现，并逐渐向年轻人群渗透。

2. 我国积极发展医疗产业

自新医改以来，我国政府积极鼓励社会办医，取得显著成效。进入"十四五"后，国家仍将社会办医作为医药卫生体制改革的重点任务之一。2022年5月，国务院办公厅发布的《深化医药卫生体制改革2022年重点工作任务》强调"支持社会办医持续健康规范发展，支持社会办医疗机构牵头组建或参加医疗联合体"。

医疗服务产业链涉及医院、医生、患者、药品、设备、保险等多个方面，其中，医院是医疗服务的主要提供者，医生是核心力量，患者是需求者。在医疗服务的支付方面，除了个人支付方式以外，还有医疗保险、商业保险等多种形式。随着医疗技术的进步和政策的不断扶持，医疗服务产业链的发展前景十分广阔。例如，数字化医疗的兴起提高了医疗服务的效率；医疗改革的推进促进了医疗资源的合理配置；健康管理的兴起拓展了医疗服务的需求。

随着人口老龄化的加剧，社会对医疗服务的需求不断增加，这推动了医疗机构的建设。数据显示，自 2015 年以来，我国医疗卫生机构数量持续增长，其中，基层医疗卫生机构数量超过 98 万个，医院和专业公共卫生机构数量分别超过 3.7 万个和 1.2 万个。预计随着医疗细分赛道（如眼科、口腔、毛发等）需求增长，我国民营医疗卫生机构数量有望持续增长。

6.1.2 医药行业发展现状

1. 医药行业的重要性及其特性

医药行业对人类生活产生了深远的影响，其高增长和高收益特性非常突出。我国的制药工业起源于 20 世纪初，经历了从无到有、从使用传统工艺到大规模运用现代技术的发展历程。特别是改革开放以来，我国医药工业的发展驶入"快车道"，其年均增长速度高于同期全国工业年均增长速度，平均发展速度高于世界发达国家中主要制药国近 30 年来的平均发展速度，成为当今世界上医药工业发展最快的国家之一。

2. 医药行业的门类及其作用

医药行业是我国国民经济的重要组成部分，它结合了传统产业和现代产业，是融第二产业、第三产业为一体的产业。医药行业的主要门类包括化学原料药及制剂、中药材、中药饮片、中成药、抗生素、生物制品、生化药品、放射性药品、医疗器械、卫生材料、制药机械、药用包装材料及医药商业等。医药行业对于保障人民健康、提高生活质量，以及促进经济发展和社会进步都起到了十分重要的作用。

3. 制药业的特殊性

制药业属于流程工业，流程工业具有自己的特点。流程工业（如制药业）主要通过对原材料进行混合、分离、粉碎、加热等物理或化学方法使原材料增值，通常以批量或连续的方式进行生产。与离散型生产相比，流程工业有多方面的特殊性。就制药业而言，在制造技术方面，需要不断开发高效率、高收率、高自动化、多功能、连续密闭、符合《药品生产质量管理规范》（Good Manufacturing Practice of Medical Products，GMP）要求的各种制药设备，来装备我国的制药企业。然而，目前符合《药品生产质量管理规范》要求的制药设备大约只有10%。随着国际制药企业在我国的进一步发展，制药设备的改造问题将不仅是生产条件问题，而且将成为影响民族制药工业生存的大问题。

4. 全球制药市场的发展趋势

全球制药市场由化学药和生物药两个细分市场组成。近年来，全球制药市场呈现出稳步增长的趋势。2018—2022年，全球制药市场的规模由12 667亿美元增加至14 747亿美元，复合年增长率为3.9%。其中，化学药占据市场主导地位。2023年，全球化学药市场份额为74.2%，而生物药市场份额相对较小，仅占25.8%，但值得关注的是，生物药市场的份额正在持续增长，这反映出生物药在全球市场中的崛起。

5. 中医药市场的发展趋势

我国是世界上规模最大、品种最多、生产体系最完整的中药材生产大国。随着近年来中医药产业快速发展及中药材种植面积不断增长，我国中药材产量也随之稳步增加。在国家政策支持、居民收入水平提高及人民健康意识增强等因素的推动下，我国中医药市场规模呈不断增长的趋势。

6.1.3　健康服务行业发展

1. 健康服务行业的起源

健康服务行业的起源可以追溯到1861年。当时，英国著名医学专家Dr. Horace Dobell首次提出健康服务的理念。他强调定期检查对于预防疾病和降低死亡风险的重要性，同时着重指出，对于没有明显病症的市民，如果能够接受受过良好教育的医生进行全面的身体检查，包括家族史、个人病史、生活环境、生活习惯的调查，以及身体器官状态、机能和体液、分泌物显微镜检查等，将检查结果以书面形式通知，并提供必要的建议，将对民众的健康产生积极的影响。这一理念的提出，为健康服务行业的发展奠定了基础。

2. 国际健康服务体系分级

国际健康服务体系通常分为3个级别。一级健康服务面向广大民众，主要内容包括建立健康档案、进行健康评估、识别和控制健康危险因素等。这一级别的服务旨在增强民众的健康意识和预防疾病的能力。二级健康服务则主要针对具有中高端消费水平的人群、中大型企业和健康保险企业。这一级别的服务包括更多的内容，以满足特定群体的需求。例如，针对具有中高端消费水平的人群，二级健康服务可能包括更为详细的健康检查、先进的医疗设备和治疗方法等。中大型企业可能为员工提供健康管理、预防保健等方面的服务；而健康保险企业则可能通过与医疗机构合作为员工提供更为全面的健康保障服务。三级健康服务主要由大型健康服务中心提供。这些健康服务中心通常具有先进的医疗设备和专业的医疗团队，能够提供全方位、高水平的医疗服务。这一级别的服务主要面向高收入人群或特定群体，为他们提供定制化的医疗服务。

3. 健康服务产业前景广阔

相关全球健康状况调查显示，真正健康的人仅占人群总数的 5% 左右，约 20% 的人患有疾病，而约 75% 的人处于亚健康状态。这一现象表明，国际健康服务业存在巨大的市场需求。亚健康人口基数庞大且人口数量呈上升趋势，对健康的管控存在巨大缺口。健康服务行业作为全球性的朝阳产业，其市场前景广阔，市场规模的增长速度惊人。美国等在健康服务产业发展上领先的国家的实践表明，维护健康、管理健康的健康服务模式正成为趋势。总的来看，国际健康服务业前景光明，但需不断努力以满足巨大的市场需求。

6.1.4　医疗健康领域存在的主要问题

在当今社会，医疗健康领域存在诸多问题，其中最为突出的便是医疗资源紧张与医疗服务质量存在差异的问题。随着人口的老龄化和疾病谱的变化，医疗需求不断增加，而医疗资源的供给却相对不足，导致医疗资源紧张问题日益严重。同时，由于地区间经济水平、医疗技术水平存在差异，医疗服务质量也存在较大的差异，因此患者的健康管理和医疗保障也存在很大的问题。

1. 医疗资源紧张

目前我国医疗资源紧张，主要表现在如下方面。

- 床位数量不足。我国医院床位数量总体不足，优质床位更加紧张。一些大医院床位供不应求，而基层医疗机构床位使用率较低。这使得大医院人满为患，而基层医疗机构门可罗雀。这种情况不仅加剧了患者看病难的问题，也造成了医疗资源的严重浪费。

- 医护人员短缺。医护人员短缺也是造成医疗资源紧张的重要原因之一。一方面，医护人员培养周期较长，短期内无法满足迅速增长的医疗需求；另一方面，工作压力、待遇、职业发展受限等因素也是导致医护人员流失和短缺的重要因素。

- 医疗设备不足。医疗设备是开展医疗服务的重要基础，然而，我国一些基层医疗机构和边远地区医院存在医疗设备不足的问题。这使得来这些地方就诊的居民难以获得必要的医疗服务，也给当地医疗卫生事业的发展造成了很大的阻碍。

2. 医疗服务质量存在差异

医疗服务质量的差异主要表现在如下方面。

- 技术水平差异。不同地区、不同级别的医院之间存在技术水平的差异。一些基层医疗机构和边远地区医院的技术水平相对较低，难以提供高质量的医疗服务。
- 服务态度差异。不同医院医护人员的服务态度存在差异。一些医院医护人员服务态度欠佳，对患者不够关心和尊重，导致患者就医体验不佳。这种情况不仅会影响患者的治疗效果和生活质量，也会给医院带来负面影响。

6.2

AI 大模型在医疗健康中的新突破

6.2.1　医学影像分析

医学影像分析是指利用计算机技术对医学影像[①]进行处理和分析，以帮助医生诊断疾病、制订治疗方案和预测疾病进展。然而，医学影像的解读需要耗费大量时间和精力，并且受医生个人经验和主观因素的影响，存在诊断的主观性和不确定性。AI 大模型通过深度学习等技术，可以自动识别医学影像中的病变区域、病变类型、病变程度等信息，从而辅助医生进行更准确、高效的诊断和治疗。

利用 AI 大模型进行医学影像分析涉及医学影像的分类、分割、配准、重建等。

---

① 医学影像包括 CT（Computed Tomography，计算机断层成像）、MRI（Magnetic Resonance Imaging，磁共振成像）、X 光、超声等多种类型。

1. 医学影像分类

医学影像分类是医学影像诊断中的关键步骤,它可以帮助医生快速准确地识别疾病和异常情况。AI 大模型在医学影像分类中发挥着重要作用。通过深度学习算法,AI 大模型可以从海量的医学影像数据中学习复杂的特征和规律,从而能够自动将医学影像分为不同的类别。例如,在肿瘤诊断中,AI 大模型可以帮助医生快速准确地识别肿瘤的位置和类型,为给患者制订个性化的治疗方案提供重要参考。

2. 医学影像分割

医学影像分割致力于解析医学影像中的各种组织结构,为医生提供更为精准的病变区域信息。AI 大模型通过深度学习算法,能够自动识别医学影像中的目标区域,并将其精确分割。这种技术为医生提供了强大的辅助工具,使他们能够更好地观察和分析病变区域,从而为手术规划和治疗方案制订提供关键信息。在实际应用中,医学影像分割技术已经展现出显著的优势。以肿瘤治疗为例,医学影像分割技术可以帮助医生精确地确定肿瘤的边界和大小。在切除肿瘤的手术中,这种技术可以为医生提供重要参考,使他们能够更好地区分肿瘤与健康组织,从而降低对正常组织的损伤,提高治疗效果。此外,医学影像分割技术在研究与治疗心血管疾病、神经系统疾病等方面也具有广阔的应用前景。

在我国,医学影像分割技术的研究与应用正逐渐得到重视。众多科研团队和企业纷纷投入资源,致力于开发更为高效、准确的医学影像分割算法。随着技术的不断进步,未来医学影像分割将在医疗领域发挥越来越重要的作用,为患者带来更好的诊疗体验。

3. 医学影像配准

医学影像配准是指将不同时间点或不同模态的医学影像进行对齐和融合,从而获得更加全面和准确的信息。AI 大模型可以通过深度学习算法自动进行医学影像配准,帮助医生更好地了解患者病情的发展和变化情况。例如,在肿瘤治疗过程中,医学影像配准可以帮助医生观察患者肿瘤的生长和变化情况,为调整治疗方案提供重要的依据,同时监测治疗效果。

4. 医学影像重建

医学影像重建是指通过多个医学影像重建出一个三维的医学影像,从而为医生提供更加全面和立体的信息。AI 大模型可以通过深度学习算法自动进行医学影像重建，帮助医生更好地了解病情的空间结构和分布。AI 技术可以对医学影像进行自动化处理和分析，从而帮助医生识别和分析影像中的细节和特征。例如，在疑似肺结节的影像中，AI 可以自动识别结节并对其进行分类，为医生提供详细的分析结果和建议；在乳腺癌筛查中，AI 技术可以自动识别肿瘤和正常组织的差异，并帮助医生快速准确地诊断出肿瘤。

6.2.2 病理学诊断

病理学是医学中非常重要的一门学科，它主要研究疾病的发生、发展和变化规律，以及病变组织的形态学特征和生理生化改变等。病理学诊断是医生根据病理切片等资料对疾病进行诊断的重要依据，其结果直接关系到患者的治疗和预后。然而，由于病理切片具有数量庞大、形态复杂、结构多样等特点，病理学诊断工作非常烦琐和耗时。医生需要花费大量的时间和精力对病理切片进行观察和分析，而且不同医生给出的诊断结果可能存在一定的差异。因此，如何提高病理学诊断的效率和准确性成为当前亟待解决的问题。

1. AI 大模型在病理学诊断中的优势

近年来，随着计算机技术和人工智能技术的不断发展，AI 大模型在病理学诊断中的应用逐渐成了研究的热点之一。与传统的人工诊断相比，AI 大模型诊断具有以下优势。

- 高效性。AI 大模型可以快速地对大量的病理切片进行分析和处理，大大提高了病理学诊断的效率。医生可以将更多的时间和精力用于分析更加复杂的病例，从而提高诊断的准确性和可靠性。
- 准确性。AI 大模型可以通过对大量数据进行训练和学习，自动提取出其中的有用信息，并将其应用于实际的病理学诊断中，从而提高病理学诊断的准确性。研究表明，AI 大模型在病理学诊断中的表现已经接近甚至超过人类专家的水平。
- 可重复性。AI 大模型可以对同一份病理切片进行多次分析和处理，且每次分析和处理给出的结果都是相同的，从而保证了病理学诊断的可重复性。

案例：光语医疗大模型

2023 年 10 月，复旦大学附属中山医院与人工智能公司光启慧语在杭州云栖大会上，联合发布了多模态医疗大模型——光语医疗大模型。

光语医疗大模型深度汲取中山医院医疗经验，针对医疗场景量身定制，而且，它基于光启慧语自研大模型，拥有数百亿参数规模、万亿 Token（在自然语言处理中，Token 指相关字符序列，如单词或标点符号）预训练语料。光语医疗大模型依托中山医院丰富的医疗资源，包括医护经验、医学文献指南、循证知识库、医学信息术语、知识图谱等，经光启慧语优化训练，它具有表现专业且可信、可溯源的优点。

光语医疗大模型在通用能力测评中，在中文知识、数学、阅读理解、逻辑推理等方面成绩斐然，超越 Meta 公司的 LLaMA2-70B 开源大模型。在 USMLE（United States Medical Licensing Examination，美国执业医师资格考试）医疗行业测评中，光语医疗大模型与 GPT-4 实力相当。

光语医疗大模型现可用于协助医生处理疾病检查和检验结果，结构化输出医学专业形式，模拟医生临床能力，辅助疾病诊断。例如，在体检场景中，光语医疗大模型可以模拟总检医生，整合全部检查结果，识别异常项、排序，并提出主检结论建议。

2. AI 大模型在病理学诊断中的应用

AI 大模型在病理学诊断中的应用主要体现在如下方面。

（1）细胞核分割

细胞核是病理学诊断中非常重要的一个指标，它可以帮助医生判断病变的类型和程度。然而，由于细胞核具有形态复杂、结构多样等特点，导致细胞核分割成了一个非常困难的问题。传统的细胞核分割方法主要依靠人工操作，效率低且容易出错。而 AI 大模型可以通过对大量细胞核图像进行训练和学习，自动提取出其中的有用信息，并将其应用于实际的细胞核分割中。

（2）组织分割

组织分割是病理学诊断中的一个重要任务，它可以帮助医生确定病变的位置和范围。传统的组织分割方法主要依靠人工操作，效率低且容易出错。而 AI 大模型可以通过对大量组织图像进行训练和学习，自动提取出其中的有用信息，并将其用于实际的组织分割中。

（3）病变检测

病变检测是病理学诊断中的一个重要环节，它可以帮助医生确定病变的类型和程度。传统的病变检测方法主要依靠人工操作，效率低且容易出错。而 AI 大模型可以将自动提取的有用信息用于实际的病变检测。

（4）定量分析

在病理学诊断中，通过定量分析，医生可以确定病变的程度和发展趋势。传统的定量分析方法主要依靠人工操作，效率低且容易出错。而 AI 大模型可以将自动提取的有用信息用于实际的定量分析。

图 6-1 展示了 AI 大模型在病理学诊断中的应用。

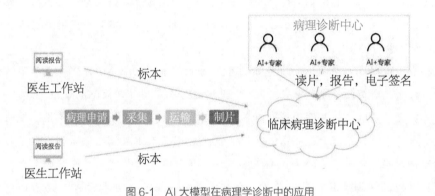

图 6-1　AI 大模型在病理学诊断中的应用

6.2.3　基因诊断

AI 大模型在基因诊断中的应用备受关注，它能帮助医生和研究人员更好地了解基因组数据、诊断遗传疾病、预测疾病风险，此外，其在个性化治疗方面也发挥着重要作用。

首先，AI 大模型能够应用于基因组数据分析中。随着高通量测序技术的发展，我们可以获取到越来越多的基因组数据，包括 DNA 序列、RNA 表达数据、蛋白质组数据等。这些基因组数据具有海量、复杂、维度高的特点，需要借助强大的计算和分析工具进行处理。AI 大模型可以利用深度学习算法对这些基因组数据进行分析，挖掘其中的模式和规律，帮助医生和研究人员发现基因之间的相互作用、寻找潜在的致病基因、预测基因功能等。

其次，AI 大模型在遗传疾病诊断方面发挥着重要作用。遗传疾病是由基因突变或遗传变异引起的，通常具有遗传性和终身性的特点。通过 AI 大模型的帮助，医生可以更快速、更准确地诊断遗传疾病，为患者提供更好的医疗服务。在遗传疾病诊断方面，AI 大模型的应用包括以下两个方面：一方面，AI 大模型可以自动化地检测和识别基因组中的变异和突变，并对变异和突变进行分类和注释，这有助于医生和研究人员快速地找到与疾病相关的变异和突变；另一方面，AI 大模型可以结合患者的临床信息和基因组数据进行综合分析，为医生提供更准确的诊断结果，为患者提供个性化的治疗建议。

案例：AI 预测 7100 万基因突变，破译人类基因遗传密码

2023 年 9 月，DeepMind 公司发布了一款全新的人工智能模型——AlphaMissense，该模型能够预测 7100 万个"错义突变"。具体来说，在 AlphaMissense 成功预测的 89% 的错义突变中，57% 为致病性，32% 为良性。相关论文已发表在 *Science* 杂志上。值得注意的是，仅 0.1% 的错义突变能够被人类专家确认。

为了使研究人员更好地了解其可能带来的影响，DeepMind 公司公开了这份千万级错义突变的目录。一直以来，发现病因是人类遗传学面临的最大挑战之一。错义突变是影响"人类蛋白质"功能的基因突变，可能导致囊性纤维化、镰状细胞贫血、癌症等疾病。AlphaMissense 的诞生展示了人工智能在医学领域，尤其是在遗传学领域中的巨大潜力。AlphaMissense 对于了解遗传变异与疾病的关系、开发针对性的药物等具有重要意义。它有望成为一个改变世界的 AI，助力攻克人类遗传学难题。

6.2.4 个性化治疗

1. 传统医疗的不足

传统医疗模式在确定药物治疗方案时，主要依据患者的临床症状和体征，结合患者的性别、年龄、身高、体重、家族疾病史，以及实验室和影像学评估等数据。然而，这种医疗模式往往较为被动，通常在疾病症状或体征出现后才开始治疗或用药。

2. AI 大模型在个性化治疗中的应用

AI 大模型在个性化治疗中的应用是医学领域的一项重要创新，它借助深度学习算法和大规模数据分析，为患者提供个性化的预防、诊断和治疗方案。个性化治疗

主要基于患者的基因组数据、临床数据和生活方式数据，针对个体的疾病风险、治疗反应和预后进行个性化的医疗干预。AI 大模型在个性化治疗中的应用涉及基因组数据分析、疾病预测、药物研发、临床决策支持等多个方面，为患者提供更加精准、有效的医疗服务，推动医学进步。

AI 大模型在个性化治疗中的应用体现在基因组数据分析方面。随着高通量测序技术的发展，获取患者的基因组数据已经成为常规医疗实践的一部分。AI 大模型可以通过深度学习算法对患者的基因组数据进行分析，识别潜在的致病基因突变、预测遗传疾病的发病风险、评估个体对药物的代谢和反应等。通过基因组数据分析，AI 大模型可以帮助医生更好地了解患者的遗传背景，为个性化治疗提供重要的依据。例如，对于某些遗传性疾病，AI 大模型可以帮助医生识别患者的致病基因突变，预测疾病的发展趋势，从而制订个性化的治疗方案。此外，AI 大模型还可以根据患者的基因组数据预测药物的代谢途径和疗效，为个体化用药提供科学依据。通过基因组数据分析，AI 大模型为个性化治疗提供了重要的基础和支持，可以帮助医生更好地了解患者的遗传特征，制订个性化的医疗方案。

AI 大模型在个性化治疗中的应用体现在临床决策支持方面。在临床实践中，医生需要根据患者的基因组数据、临床数据和生活方式数据，制订个性化的医疗方案。AI 大模型可以通过深度学习算法对多种数据进行综合分析，为医生提供个性化的临床决策支持。例如，AI 大模型可以帮助医生根据患者的基因组数据和临床数据，为患者制定个性化的诊断和治疗方案，提高医疗干预的精准性和有效性。此外，AI 大模型还可以帮助医生根据患者的基因组数据和生活方式数据，为患者制订个性化的预防和健康管理方案，提高患者的生活质量。

个性化治疗可以实现更精准的治疗，基于患者的个性化信息，医生可以为每位患者制订更符合他们病情和基因型的治疗方案，提高治疗效果；个性化治疗可以减少不必要的药物副作用，提高患者的生活质量；AI 大模型可以通过分析遗传信息和生活方式数据，帮助医生预测患者未来可能面临的健康风险，并采取预防措施；尽管初期投资较高，但个性化治疗可以减少医疗资源的浪费，降低患者的长期医疗成本。

6.2.5 疾病预测

随着人工智能技术的不断发展和医学数据的快速增长，AI 大模型在疾病预测中发挥着越来越重要的作用。疾病预测是指通过对个体的生物学特征、临床数据和生活方式等多种信息进行分析，预测个体可能患某种疾病的风险。疾病预测的意义在于提前发现患病风险，采取相应的预防和干预措施，从而降低疾病的发病率和死亡率，提高人们的健康水平。传统的疾病预测方法主要依靠统计学模型和临床经验，受限于数据量和特征提取的能力，预测精度和覆盖范围有限。而 AI 大模型的出现为疾病预测带来了新的机遇，其强大的数据处理和学习能力使得疾病预测更加精准和全面。

1. AI 大模型在疾病预测中的优势

AI 大模型在疾病预测中的优势主要如下。

- 高效处理海量数据。AI 大模型可以高效地处理大规模的医疗数据，包括基因组数据、临床数据等。通过对这些医疗数据进行深度学习，AI 大模型可以挖掘出潜在的疾病风险和早期征兆。例如，AI 大模型可以从大量的基因组数据中识别出与某种疾病相关的基因变异，从而帮助医生更好地理解疾病的发病机制和风险因素。基因组数据是疾病预测的重要信息来源之一。AI 大模型可以通过深度学习算法对基因组数据进行分析，发现与特定疾病相关的基因变异和遗传风险因素。例如，通过对大规模基因组数据的学习和挖掘，AI 大模型可以识别出与乳腺癌、糖尿病、心血管疾病等多种疾病相关的基因变异，从而帮助科学家和医生更好地了解疾病的遗传基础，预测个体患病的风险。临床数据是指个体的临床检查结果、生理指标、病史等医学信息。AI 大模型可以通过深度学习算法对大规模的临床数据进行分析，挖掘出与疾病相关的特征和模式。例如，AI 大模型可以利用临床数据预测个体患上糖尿病、高血压等慢性疾病的风险，帮助医生及早干预和治疗；同时，AI 大模型还可以结合多种临床数据，预测个体在未来一段时间内可能出现的疾病，为个性化的预防和干预提供科学依据。

- 提高疾病预测的准确性。基于深度学习的 AI 大模型可以学习海量数据的内在规律和模式，从而在疾病预测中具有较高的准确性。通过分析个体的基因组数据和生活方式数据，AI 大模型可以预测个体未来患某种疾病的风险，并提供个性化的预防和治疗建议。生活方式数据包括个体的饮食习惯、运动情况、睡眠质量等生活习惯和行为特征。AI 大模型可以通过深度学习算法对生活方式数据进行分析，发现与慢性疾病相关的生活方式因素。例如，AI 大模型可以分析大规模的生活方式数据，发现不良的生活方式和生活习惯与糖尿病、肥胖等疾病的发病风险之间的关联，帮助个体调整生活方式，降低患病风险。

- 自动化处理和分析。AI 大模型可以自动化地处理和分析大量的医疗数据，减轻了医生的工作负担，提高了工作效率，同时避免了人为因素的干扰，提高了预测的客观性和准确性。例如，AI 大模型可以自动对大量的医学影像数据进行处理和分析，帮助医生快速、准确地诊断病情。
- 可以对多模态数据进行融合分析。除了单一类型的数据，AI 大模型还可以对多种数据类型进行融合分析，提高疾病预测的精准度。例如，AI 大模型可以将基因组数据、临床数据和生活方式数据进行融合分析，发现不同数据类型之间的关联和影响，从而更全面地预测个体患病的概率。

2. AI 大模型在疾病预测中的应用

AI 大模型在疾病预测中的应用如下。

- 癌症预测。AI 大模型可以通过分析个体的基因组数据、临床数据和影像数据，预测个体患癌症的风险。通过对癌症的提前发现和治疗，可以提高患者的生存率和治疗效果。
- 心脑血管疾病预测。心脑血管疾病是全球范围内的主要疾病之一。AI 大模型通过分析个体的血压、血脂等临床数据和基因组数据，可以预测个体未来患冠心病的风险，并提前采取相应的预防和治疗措施，降低冠心病的发生率和患者的死亡率。
- 糖尿病预测。糖尿病是一种常见的慢性疾病，严重影响着患者的生命质量和健康状况。AI 大模型通过分析个体的血糖、胰岛素等临床数据和基因组数据，可以预测个体未来患糖尿病的风险，并提供预防和治疗意见。
- 精神疾病预测。精神疾病是一种复杂的疾病，早期发现和治疗对于预后具有重要的意义。AI 大模型通过分析个体的脑部影像数据和基因组数据，可以预测个体未来患精神疾病的风险，并提前采取相应的预防和治疗措施，降低精神疾病的发生率和复发次数。

6.2.6　AI 大模型与机器人手术

1961 年，第一个工业机器人手臂加入通用汽车公司的汽车装配线，并执行自动化压铸工作。1966 年，可以就任何话题与人进行交谈的交互机器人 Eliza 诞生。但 AI 在医学领域的发展速度却非常缓慢。20 世纪 60 年代，美国国立医学图书馆开发了医学文献分析与检索系统（Medical Literature Analysis and Retrieval System，MEDLARS）和基于网络的搜索引擎 PubMed。它们为生物医学研究提供了重要的数字资源，并为未来的发展奠定了基础。临床信息数据库和病历系统也在那个时期首次被开发出来。它们的出现，不仅提高了医学研究的效率，也开启了医学信息数字化的新篇章。

目前，我国在人工智能和 5G 技术的深度融合方面取得了显著的进展。这种融合为医疗领域带来了前所未有的机遇，其中最为显著的就是在辅助诊断和手术机器人方面的应用。

国内已经有多款深度融合 AI+5G 技术的人工智能辅助诊断系统，这些系统在医疗内镜方面的应用具有划时代的意义。它们可以帮助医生实时监测内镜下的视频图像，发现早期小面积的癌变肿瘤组织，提高早期癌症检出率，为肿瘤的早发现、早诊断、早治疗提供了强有力的支持。这些系统的应用，不仅可以减少漏诊和误诊的情况，提高诊断的准确性和效率，还可以规范医师的内镜操作，降低操作难度，提高操作的准确性。

除了辅助诊断以外，人工智能在手术机器人方面也有着重要的应用。近年来，在我国，手术机器人的发展迅速，主要得益于人工智能、机器学习和数据采集的融合。与传统的开放手术和微创手术相比，使用手术机器人辅助手术具有能够进行复杂手术、手术结果的稳定性高、操作精准、出血少且术后并发症少等优势。

AI 医疗器械产品的上市和应用，改变了传统医学的理念和诊疗服务模式，为医疗决策者和医院管理者带来了新的挑战和机遇。

案例：基于紫东太初的"AI 脑部手术机器人"MicroNeuro

在 AI+ 手术机器人领域，基于紫东太初的"AI 脑部手术机器人"MicroNeuro 实现了机器人在脑部手术领域的突破，它不仅可以大大提高脑部手术的精准度，而且可以在几乎不伤害正常脑组织的前提下进行稳、准、可见的智能化微创手术。MicroNeuro 基于全球首个三模态大模型紫东太初和柔性机器人两大核心技术，在柔性手术器械触觉感知及精准运动控制等多项技术的应用上均位于世界前列。通过基于昇腾 AI 和昇思 MindSpore AI 框架的紫东太初大模型，MicroNeuro 在 VR（Virtual Reality，虚拟现实）数字孪生技术的加持下让大脑内部结构一目了然，帮助柔性机器人实现对纤细柔性手术工具在颅内的精准控制，控制手术误差小于 1mm，该成果得到相关医院的数据及技术支撑。

6.3

AI 大模型在医药领域的新应用

6.3.1 药物发现

在 AI 大模型的帮助下，药物发现的过程正经历着前所未有的变革。传统的药物发现过程通常依赖实验室试验，通过试错法找到可能具有药效的化合物。这种方法不仅耗时，而且成功率相对较低。而 AI 大模型的出现，使得我们能够利用大数据和机器学习算法，对大量的化合物进行快速筛选和效果预测，从而极大地提高了药物发现的效率。AI 大模型首先会从大量的生物化学数据中提取有用的信息，这些信息可能包括基因序列、蛋白质结构、化学成分等；然后利用这些数据训练模型，让模型学习如何将化合物与可能的疗效关联起来。通过这种方式，AI 大模型可以快速筛选出那些在实验室试验中表现良好的化合物，从而极大地缩短药物发现的时间。此外，AI 大模型还可以对化合物的潜在副作用进行预测。在传统的药物开发过程中，对化合物副作用的评估通常需要在进行人体试验后才能确定，这种方法比较耗时且准确性较低。而 AI 大模型可以通过对化合物与生物系统的相互作用进行模拟，预测出化合物可能的副作用，从而使得药物开发的过程更加安全、有效。

6.3.2 靶点发现

靶点发现是药物研发的关键步骤之一，它涉及寻找与特定疾病相关的生物标志物的工作。传统的靶点发现方法通常基于实验室试验和经验假设，这种方法往往效率低且成功率不高。而 AI 大模型的应用，为靶点发现提供了全新的视角和解决方案。AI 大模型可以利用大数据分析和深度学习技术，对基因组、蛋白质组等大规模生物数据进行分析和挖掘。发现隐藏在数据中的复杂模式和数据间的关联关系，揭示潜在的生物标志物和疾病机制。这为新药研发提供了更加精确和有效的靶点，提高了药物研发的成功率。

6.3.3 化合物筛选

在药物研发的早期阶段，从大量化合物中筛选出具有潜在药效的化合物是至关重要的一步。传统的化合物筛选过程通常需要进行大量的实验室试验，在这个过程中，需要投入大量时间和人力且成功率不高。而 AI 大模型的应用为化合物筛选提供了新的解决方案。AI 大模型可以利用计算机辅助药物设计等技术，对大量化合物进行虚拟筛选。通过模拟化合物与生物系统的相互作用，AI 大模型可以预测出化合物的药效和副作用，从而快速筛选出具有潜在药效的化合物。这种方法不仅大幅缩短了筛选时间，而且提高了筛选的准确性和效率。

6.3.4　药物优化

药物优化是药物研发中极其重要的一环，它关乎药物的疗效、副作用、安全性及患者的接受程度。传统的药物优化过程主要依赖实验室的化学和生物学试验，但是这种方法往往效率低且成本高。而 AI 大模型的应用，为药物优化提供了全新的角度和解决方案。AI 大模型可以利用大数据和机器学习算法，对已知的药物进行深入分析和优化。

首先，AI 大模型可以对药物的化学结构进行优化。通过对已知药物的化学结构进行学习和分析，AI 大模型可以找出与药物疗效和副作用相关的关键化学结构，从而为新药的研发提供有效的指导。

其次，AI 大模型可以对药物的生物活性进行预测和优化。通过对已知药物在生物体内的活性进行模拟和分析，AI 大模型可以预测新药在生物体内的活性，从而筛选出具有潜在疗效的候选药物。同时，AI 大模型还可以通过对药物在生物体内的代谢和分布进行模拟，优化药物的生物利用度和药效持久性，从而提高药物的疗效和安全性。

此外，AI 大模型还可以对药物的副作用进行预测和优化。通过对已知药物的副作用进行学习和分析，AI 大模型可以预测新药的副作用，从而为新药的研发提供有效的指导和预防措施。同时，AI 大模型还可以通过对药物的作用机制进行深入研究和模拟，优化药物的作用靶点和作用方式，减少药物的毒副作用和不良反应。

案例：AI 大模型一天可以筛选超过 1 亿种化合物

美国麻省理工学院与塔夫茨大学的研究团队开发了一种新型人工智能算法 ConPLex，该算法基于大模型（如 ChatGPT），旨在匹配目标蛋白质与潜在药物分子，而无须计算复杂的分子结构。

这种 AI 大模型能够在一天内筛选超过 1 亿种化合物，这一数量远超现有模型的筛选能力。这一成果不仅满足了当前的药品筛选需求，而且其可扩展性还为评估脱靶效应、药物再利用及突变对药物结合的影响提供了有力支持。近年来，科学家在预测氨基酸序列的蛋白质结构方面取得了显著进步。然而，预测大型潜在药物库与致癌蛋白质之间的相互作用仍然充满挑战，因为这需要投入大量时间和计算能力来计算蛋白质的三维结构。

麻省理工学院的研究团队基于他们于 2019 年首次开发的蛋白质模型，进一步开发了用于确定蛋白质序列与特定药物分子相互作用的新型模型。通过利用已知的蛋白质 - 药物相互作用网络进行训练，该模型能够学习将蛋白质的特定特征与药物结合能力相关联，而无须计算任何分子的三维结构。研究团队在包含约4700 种候选药物分子的库中进行筛选，并测试了模型的预测能力。通过实验测试，确定了这些药物与 51 种蛋白激酶的结合能力。根据实验结果，研究人员选出了19 组 "蛋白质-药物对"，其中 12 对具有强烈的结合亲和力，而其他潜在的药物-蛋白质对均无亲和力。研究人员指出，新药开发的成本之所以高昂，部分原因是其失败率较高，如果能事先预测这种结合不会有效，将有助于降低失败率并显著降低新药开发的成本。这一研究成果为药物研发领域带来了新的突破，有望加速药物的研发进程并降低新药开发的成本。

6.4

AI 大模型在健康管理领域的新机遇

AI 大模型在健康管理领域的应用正在经历前所未有的扩展和深化。通过对海量数据的深度分析和挖掘，AI 大模型能够为个体提供更加精细化、个性化的健康管理和疾病预测，极大地提高健康管理的效率和准确性。本节将对 AI 大模型在健康管理领域中的应用进行深入探讨。

6.4.1 个性化健康管理

AI 大模型能够依据个体的基因组、生活习惯及生理指标等数据，量身定制健康管理策略。通过深度挖掘和分析个人健康数据，AI 大模型可以预估个体的健康状况和患病风险，进而为其提供精准且及时的健康管理方案。此外，AI 大模型还可以根据个人的生活习惯和生理指标，为其提供量身定制的饮食和运动建议，以助力其健康状况的提升。

6.4.2　疾病预测和预防

AI 大模型在医疗健康领域能够充分利用大规模的医疗记录和生物信息数据集进行深度挖掘与智能预测。通过对疾病的发生机制、病理生理演变过程进行细致入微的研究与分析，AI 大模型能够精确评估个体对各类疾病的易感性及可能的病程反应，进而为个人量身定制精准且有效的预防策略和个性化治疗方案。举例来说，AI 大模型运用大数据技术，可以准确预估某种特定疾病在某一地区未来一段时期内的发生概率和流行趋势，据此提前为该地区居民提供具有针对性的预防措施和健康管理建议。不仅如此，通过深入解读个体基因组、表观遗传等生物数据，AI 大模型还能揭示潜在的遗传风险因素和环境影响，从而前瞻性地识别并预警个体在未来可能面临的健康风险，进而指导制订及时且适宜的干预手段和诊疗计划，全面提升医疗服务的质量与效率。

6.4.3　智能诊断和决策支持

AI 大模型可以辅助医生进行智能诊断和决策支持。通过对大量的医疗数据和病例数据进行学习和分析，AI 大模型可以识别和预测潜在的疾病类型和患者的病情变化，为医生提供更加准确和及时的诊断和治疗方案。例如，医生可以通过 AI 大模型对患者的医疗数据进行深度分析，快速、准确地诊断出患者的疾病类型和病情状况，并为其提供个性化的治疗方案和建议。此外，AI 大模型还可以通过对大量的病例数据进行学习，预测类似病例的病情变化和发展趋势，从而为医生提供更加准确的诊断和治疗方案。

6.4.4　药物管理和优化

AI 大模型可以辅助医生进行药物管理和优化。通过对患者的基因组数据、药物代谢和疗效数据进行分析和挖掘，AI 大模型可以预测患者对不同药物的反应和不同药物对患者的疗效，为医生提供更加个性化、安全和有效的药物治疗方案。例如，医生可以通过 AI 大模型对患者的基因组数据进行深度分析，预测其对某种药物的反应和药物对其的疗效，从而为其提供更加个性化的药物治疗方案。此外，AI 大模型还可以通过对患者的药物代谢数据进行深度分析，优化患者的用药方案和剂量，以提高药物治疗效果和减少不良反应的发生。

案例：AI 大模型让就医过程更舒心

深圳市大数据研究院与香港中文大学（深圳）共同研发的第二代华佗 GPT 成功通过了 2023 年 10 月的国家执业药师考试。此前，该模型已顺利通过各类医疗资格考试，并在各项考试和专业评测中均取得了优异的成绩。在中文医疗场景中，华佗 GPT 的表现优于 GPT-4 大模型的表现。

这一成果不仅彰显了华佗 GPT 在医疗领域的卓越实力，同时也充分证明了 AI 技术在医疗领域的巨大潜力。截至 2023 年 11 月，已有数十万用户体验了华佗 GPT 的便捷服务，其卓越的性能在国内外同行业的产品中处于领先地位。面对"看病难"的现实问题，如遇见头疼脑热的小病就需要去医院、科室选择困难、医院资源紧张等，由机器提供初步的问题解答或指引，如指点患者去相应的科室就诊，或者给出日常保健建议等，将有助于优化医疗资源配置，提升诊疗效率。

华佗 GPT 作为国内首个类 ChatGPT 的医疗大模型，自 2023 年 2 月在中华医院信息网络大会发布以来，便备受瞩目。华佗 GPT 有潜力实现更智能、更精准的在线诊疗咨询。未来，华佗 GPT 能够满足基本的分诊需求，完成 30%~40% 的初步诊断，尤其可以在心理诊断和治疗方面发挥重要作用。

在相关的测试中，无论是在单轮问诊场景还是在多轮问诊场景中，华佗 GPT 的表现均优于现有的中文医疗人工智能模型和 GPT-3.5 的表现，这充分展现了其在处理复杂问诊对话方面的强大能力。与现有的闭源收费大模型不同，华佗 GPT 不仅是一个免费开源的模型，而且是一个可以直接使用和体验的平台。

第 7 章

AI 大模型与文化传媒：创意产业的智能化革新

随着人工智能技术的不断发展，AI 大模型在文化传媒领域的应用正推动着创意产业的智能化革新。AI 大模型具有强大的数据处理和模式识别能力，可以快速地分析和理解海量数据，为文化传媒行业提供精准的市场分析、用户画像和内容推荐等支持。同时，AI 大模型还可以通过生成对抗网络等技术，实现文本、图像、音频等多种形式的创意内容的自动生成，为文化传媒行业的创作和生产带来极大的便利和效率提升。

7.1

文化产业数字化国家战略

7.1.1　文化产业的内涵

文化产业主要生产和提供精神产品，以满足人们的文化需求，包括具有文化意义的创作与销售等。其核心领域包括文学艺术创作、音乐创作、摄影、舞蹈、工业设计与建筑设计等。文化产业涉及按照工业标准，进行文化产品的生产、再生产、储存以及分配的一系列活动。这一定义也涵盖了影视文化产业的新格局，其中，亚太地区已成为全球影视产业的重要增长点和引擎，我国的市场地位显著提升。从形式上看，文化产品的创作和生产都受到社会发展阶段、生产力发展水平和技术条件的限制。社会存在决定社会意识，也决定文化产品的创作和生产。同时，技术的进步直接推动文化产品生产工具的变革和进步，甚至催生出新的文化门类。从内容上看，文化产品反映出当时社会的主要矛盾或受到当时当地的社会主流意识形态、审美倾向和哲学观念的影响，从而被打上时代的烙印。许多文学经典都深刻地揭示了当时社会的主要矛盾，紧贴社会现实。

7.1.2　文化产业成为国家战略

当前，国内外形势错综复杂，"贸易保护主义"抬头。为了应对这些挑战，我国必须先做好自己的事情，以增强应对风险的能力和发展的底气。而文化产业的发展可以激活文化消费市场，推动制造业转型升级，并成为经济发展的新动能。在 2008 年的国际金融危机中，虽然我国经济面临巨大下行压力，但文化产业逆势而上。为了应对这一危机，国务院常务会议于 2009 年审议通过了《文化产业振兴规划》，它标志着文化产业已经上升为国家战略性产业，成为应对国际金融危机的新增长点。

党的二十大报告明确提出实施国家文化数字化战略，这对推进我国文化发展、实现文化高质量发展具有重要意义。《关于推进实施国家文化数字化战略的意见》（下称《意见》）做出战略部署，要求加快文化产业数字化布局，促进中华文化数字化成果全民共享。实施国家文化数字化战略是建设社会主义文化强国的重要举措之一，旨在提高我国文化产业国际竞争力、维护我国文化安全。通过加强数字文化建设，推动传统文化产业转型升级和创新发展，能够提升我国文化产业的整体实力和核心竞争力。《意见》提出了 8 项重点任务，以推动国家文化数字化战略的实施。

一是统筹利用文化领域已建或在建数字化工程和数据库所形成的成果，关联形成中华文化数据库。二是夯实文化数字化基础设施，依托现有有线电视网络设施、广电 5G 网络和互联互通平台，形成国家文化专网。三是鼓励多元主体依托国家文化专网，共同搭建文化数据服务平台。四是鼓励和支持各类文化机构接入国家文化专网，利用文化数据服务平台，探索数字化转型升级的有效途径。五是发展数字化文化消费新场景，大力发展线上线下一体化、在线在场相结合的数字化文化新体验。六是统筹推进国家文化大数据体系、全国智慧图书馆体系和公共文化云建设，增强公共文化数字内容的供给能力，提升公共文化服务数字化水平。七是加快文化产业数字化布局，在文化数据采集、加工、交易、分发、呈现等领域，培育一批新型文化企业，引领文化产业数字化建设方向。八是构建文化数字化治理体系，完善文化市场综合执法体制，增强文化数据要素市场交易监管。

7.2

AIGC：文化传媒内容创新与传播渠道的多元化

7.2.1 PGC 阶段

PGC（Professional Generated Content，专业生产内容）是指由专业的内容创作者或团队进行创作、编辑和发布的内容。这种创作方式起源于传统媒体（包括报纸、杂志、电视和电影等）时代。

传统媒体时代，内容创作工作主要由专业的记者、编辑、导演等从事，通过报纸、杂志、电视和电影等传统媒体进行发布。这些媒体平台具有较高的门槛，需要大量的资金、技术和人力资源支持，内容创作和发布的渠道相对受限。而随着数字时代的到来，互联网和移动设备迅速普及，使得内容创作和传播的门槛大大降低，许多个人和小团队也能够通过网站、应用程序、短视频等平台进行内容创作和发布。这种方式的兴起，为更多的专业内容创作者提供了更广阔的创作空间，也为观众带来了更多元化的内容选择。

在 PGC 的发展过程中，许多具有代表性的专业机构和专家级人物对 PGC 的发展产生了深远的影响。比如在新闻领域，中央广播电视总台、新华社等官媒通过自己的网站、移动应用程序等平台进行专业内容创作和发布，为观众提供了大量的新闻、资讯内容，它们以其专业的报道团队和丰富的资源，成为 PGC 领域的代表性机构；在音乐领域，许多知名的音乐人、乐队通过各种音乐平台进行音乐创作和发布，为观众带来了丰富多样的音乐作品；在短视频领域，许多知名的视频创作者通过短视频平台进行原创视频内容的创作和发布，吸引了大量的观众；在网站和应用程序领域，许多知名的内容创作者通过自己的网站、应用程序等平台进行专业内容创作和发布，为观众提供了丰富的内容选择。

PGC 的兴起标志着内容创作和传播方式的深刻变革。随着技术的不断进步，PGC 将会迎来更加广阔的发展空间，为观众带来更丰富、更专业的内容体验。

7.2.2　UGC 阶段

UGC（User Generated Content，用户生产内容）是指由普通用户或受众参与创作、编辑和发布的内容。这种创作方式是由 Web 2.0 时代引起的，随着社交网络和博客的出现而流行起来。

过去内容的创作和发布主要由专业的媒体机构和内容创作者来完成，现在普通用户也有了参与内容创作和发布的机会。UGC 的兴起不仅为普通用户提供了表达自己的平台，也丰富了网络上的内容，为用户提供了多元化的选择。

UGC 的应用场景非常广泛，包括社交网站、在线论坛、博客、知识共享平台等。在社交网站上，用户可以通过发布动态、分享照片、发表观点等形式参与内容创作。在在线论坛和博客上，用户可以发表自己的文章、评论他人的帖子，甚至参与讨论和互动。知识共享平台则为用户提供了分享自己专业知识和经验的平台，用户可以发布教程、解答问题，为其他用户提供帮助。UGC 可以是各种形式的内容，包括图片、视频、音乐、博客、评论等。具有代表性的 UGC 社区或应用有抖音、小红书、百度贴吧等。例如，在抖音这样的短视频平台上，用户可以通过拍摄、剪辑和发布自己的短视频，展示自己的才艺和生活。在小红书这样的社交电商平台上，用户可以分享购物心得、美妆技巧等内容，为其他用户提供购物参考和生活建议。在百度贴吧这样的论坛平台上，用户可以创建各种讨论帖子，分享兴趣爱好，交流经验和见解。

UGC 的特点是多样化和个性化。由于 UGC 源于普通用户或受众，因此它的形式和内容更加多样化，更具有个性和真实性。与传统的专业内容创作者创作的内容相比，UGC 更能贴近用户的生活和兴趣，也更能引起用户的共鸣和关注。这也是 UGC 受到用户欢迎的重要原因之一。

在数字时代，UGC 已经成为互联网内容的重要组成部分。随着移动设备的普及和网络的发展，UGC 的影响力和覆盖范围不断扩大。越来越多的用户通过参与发表 UGC，表达自己的观点，分享自己的生活。UGC 的兴起为普通用户提供了更多表达自我的机会以及多元化的内容。UGC 的发展将会继续影响着互联网内容的格局，为用户带来更加丰富、更加多样化的内容体验。

7.2.3 AIGC 阶段

随着计算机硬件算力和算法模型的不断升级，大量的内容生产工具如 ChatGPT、Midjourney、Stable Diffusion 等开始出现。这些工具大大提高了内容创作的效率，降低了创作门槛。各领域的内容创作者都在经历一场名为 AIGC 的时代浪潮。

AIGC（Artificial Intelligence Generated Content，人工智能生产内容）是指利用人工智能技术和自然语言处理技术来生成各种形式的内容，包括但不限于文章、对话、音乐、艺术作品、设计方案等。AIGC 的出现标志着人工智能技术在内容创作领域的深入应用，它可以帮助人们快速生成大量的内容，提高内容创作的效率，同时也在一定程度上挑战了传统的内容创作模式。AIGC 的发展主要得益于人工智能技术的进步。随着深度学习、自然语言处理和生成对抗网络等技术的不断成熟，人工智能已经可以模仿人类的创作行为，生成高质量的内容。例如，OpenAI 公司的 GPT-3 模型可以生成与真人创作的高度相像的文章、对话和代码；DeepArt 可以利用神经网络生成艺术作品；Jukebox 可以生成原创音乐，这些技术的应用使得 AIGC 成为可能。

AIGC 已经成为 AI 技术发展的新趋势，展现了人工智能从感知、理解世界到生成、创造世界的重大跃迁。传统的人工智能偏向于具有分析能力，即能够通过分析一组数据，发现其中的规律和模式并用于多种应用。这种分析性的 AI 技术已经在多个领域取得了显著的成果，如医疗诊断、金融分析、自动驾驶等。然而，当前的人工智能技术正在创造新的东西，而不仅局限于分析已经存在的东西。基于生成对抗网络和大型预训练模型的 AI 技术，正在推动人工智能从被动地感知和理解世界，转变为主动地生成和创造世界。具体而言，生成对抗网络通过两个神经网络的对抗性训练，从一个随机噪声向量中生成具有高度相似性的真实数据。大型预训练模型则通过对海量数据进行学习，获得强大的表示能力和泛化能力，进而生成具有多样性和创新性的内容。

这种变革性的转变使得人工智能不再仅分析和理解现有数据，而是能够根据给定的任务和需求，自主地生成全新的、高质量的内容。例如，在游戏开发领域，AIGC 可以通过学习大量的游戏设计和剧情数据，自动生成具有高度创新性和吸引力的游戏内容和剧情。这不仅可以大幅缩短游戏开发周期，提高开发效率，还可以为游戏开发者提供更多灵感和创意。又如，在医疗领域，AIGC 可以通过对医学文献和病例数据的深度学习，自动生成针对特定疾病的诊断和治疗方案。这不仅可以提高医疗诊断的准确性和效率，还可以为医生提供更多参考和指导。

AIGC 的应用场景非常广泛。例如，新闻媒体行业可以利用 AIGC 生成个性化的新闻报道和文章摘要。AIGC 可以通过对大量新闻报道进行学习，掌握新闻写作的语法和风格，并可以根据用户的需求和兴趣生成定制化的新闻内容。同时，AIGC 还可以帮助新闻媒体行业的从业者进行快速的内容创作和编辑工作，提高新闻报道的时效性和质量。又如，在电商领域，AIGC 可以通过对商品描述和用户评价进行学习，自动生成针对不同用户群体的产品推荐和购物指南。这可以帮助电商企业提高用户满意度和忠诚度，同时降低人工推荐的成本和误差。

随着 AIGC 技术的不断发展，可以预见的是，具备通用性、基础性、多模态、预训练数据量大、生成内容高质稳定等特点的 AIGC 模型，将会不断促进音视频、图文等内容的大规模、高质量自动生成。同时，AIGC 技术的高速发展将对超高清制播技术、5G 新媒体应用技术、网络安全技术等升级与演进产生深远影响。

当然，AIGC 面临着一些挑战和争议。首先，AIGC 生成的内容可能存在版权和道德问题。人工智能生成的内容是否具有版权，以及如何保护原创作者的权益是一个争议的焦点。其次，AIGC 生成的内容可能缺乏情感和创意。虽然人工智能可以生成高质量的内容，但是它缺乏人类的情感和创意，可能无法完全替代人类创作者。最后，AIGC 可能会导致就业问题。如果人工智能可以替代人类创作者，可能会造成一些行业的就业压力。

7.3
AI 大模型在文化传媒中的智能应用

7.3.1 AIGC 在文字内容生成方面的应用

文字内容生成是 AIGC 应用的一个关键领域。AI 大模型通过深度学习和自然语言处理技术，能够生成高质量的内容，包括新闻报道、评论文章、文化解读文章等。这种内容生成方式不仅可以提高生产效率，还可以满足用户对多样化、个性化内容的需求。还可将 AI 大模型的内容生成能力用于创意广告、文化宣传片等方面，为文化传媒行业带来更多的创意和惊喜。

1. AIGC 在新闻报道方面的应用

新闻报道是文化传媒领域中非常重要的内容之一，它要求快速、准确地传递信息，AIGC 的应用可以大大提高新闻报道的效率和质量。具体来说，AIGC 会通过自然语言处理技术，对大量的历史新闻数据进行深度学习和分析，掌握新闻报道的语言模式和结构特点。在生成新的新闻报道时，AIGC 会根据用户提供的关键信息和特定的语言模式，自动生成符合语言模式和结构的新闻报道初稿。

2. AIGC 在广告文案和营销文案方面的应用

广告文案和营销文案是文化传媒领域中非常重要的创意性内容之一，它要求能够吸引人们的注意力和兴趣，并激发他们的购买欲望。AIGC 的应用可以大大提高广告文案和营销文案的生成效率和质量。具体来说，AIGC 会通过自然语言处理技术，对大量的广告文案和营销文案进行深度学习和分析，掌握广告文案和营销文案的语言模式和结构特点。在生成新的广告文案和营销文案时，AIGC 会根据用户提供的产品或服务信息以及特定的语言模式，自动生成符合语言模式和结构特点的广告文案和营销文案初稿。人类编辑可以对生成的广告文案和营销文案进行审核和修改，以确保其质量和准确性。如果需要，人类编辑还可以对生成的广告文案和营销文案进行进一步的编辑和润色，以使其更加符合用户的需求。同时，AIGC 的应用还可以帮助广告公司和营销团队节省大量的时间和精力，提高广告和营销的效率和质量。

3. AIGC 在小说创作方面的应用

随着深度学习和自然语言处理技术的不断进步，人工智能已经能够模仿人类的创作风格和思维方式，生成高质量的小说内容。这种技术的应用不仅可以帮助作家快速生成大量的小说内容，还可以为读者带来更加多样化和个性化的阅读体验。

首先，AIGC 可以帮助作家快速生成大量的小说内容。传统的小说创作需要作家花费大量的时间和精力构思情节、塑造人物和展开故事。而 AIGC 可以利用深度学习模型和大规模的语料库快速生成小说内容，帮助作家快速构建故事框架和填充细节，大大提高了小说创作的效率。作家可以利用 AIGC 生成的内容作为灵感的起点，进行进一步的创作和修改，从而快速完成一部小说的初稿。

其次，AIGC 可以为读者带来更加多样化和个性化的阅读体验。人工智能可以模仿不同的风格和语言，生成各种风格和主题的小说内容，以满足读者的多样化需求。作家可以利用 AIGC 生成的内容进行创意碰撞，获得新颖的创作灵感，从而创作出更加富有个性和创意的小说作品。

7.3.2　AIGC 在音频生成中的应用

音频生成是指利用计算机算法直接创造可听见的声音或音乐的过程。这一领域结合了音频信号处理、机器学习、深度学习、音乐理论和创意表达，旨在创造出新的音频内容。AIGC 与音频的结合，正在对音频创作、处理，以及交互等多个方面产生深远影响。本节将通过音乐生成、语音合成和音频处理 3 个方面探讨 AIGC 如何通过革新音频创作与处理、拓宽应用场景以及增强人机交互，推动音频产业的发展。

1. 音乐生成

AIGC 可以通过学习大量的音乐数据，快速生成具有特定风格和情感的音乐。这种音乐生成方法不仅提高了创作效率，还突破了人类创作能力的限制。音乐家可以利用 AIGC 技术进行音乐创作，创作内容包括旋律、和声、节奏等方面。AIGC 通过对大量音乐数据的分析，可以学习不同的音乐风格和情感表达方式，并生成符合要求的音乐作品。这种技术可以为艺术家提供灵感和支持，帮助他们创造出更加丰富多样的音乐作品。音频合成 AIGC 将会在未来电影配音、短视频创作等领域发挥重要作用，而借助 AI 大模型，或许在未来人人都有可能成为专业的音效师，都可以凭借文字、视频和图像在任意时间以及任意地点，合成个人专属的音频、音效。

2. 语音合成

AIGC 技术可以实现高保真度的语音合成，将文字转化为自然流畅的语音。这一技术广泛应用于智能客服、有声读物，以及虚拟人物等领域，极大地提高了语音交互的效率和便捷性。通过模拟不同语言和音色，AIGC 可以为个性化需求提供支持，满足多样化的应用场景。例如，在智能客服领域，AIGC 语音合成技术可以模拟真人的声音，为用户提供逼真的语音交互体验。这可以提高用户对客服机器人的信任度和使用体验。在有声读物领域，AIGC 可以根据文本内容生成自然流畅的语音，方便用户收听各种类型的图书。同时，AIGC 还可以模拟不同的音色和语速，满足用户的个性化需求。

3. 音频处理

AIGC 在音频处理方面展现出强大的能力。例如，利用 AIGC 技术对音频数据进行降噪、增强，以及特征提取等处理，可以提高音频质量，便于后续的分析和处理。这种处理方法为音频产业提供了更多可能性，可被用于如音频监控、医疗诊断以及音乐教育等领域。在音频监控领域，AIGC 可以帮助提取出有用的音频信息，如人声、车声等，并进行分类和识别，从而提高监控的准确性和效率。在医疗诊断领域，AIGC 可以帮助提取出患者的声音特征，并进行疾病诊断和分析，从而提高诊断的准确性和效率。在音乐教育领域，AIGC 可以帮助学生对音乐作品进行分析和学习，从而提高学生的音乐素养和学习效果。

案例：融合 AIGC，音乐原来可以这样玩

如今，用户在登录 QQ 音乐 App 时会发现 AIGC 技术已渗透至各个环节，包括听歌体验、视觉呈现、社交分享等。在推荐歌曲播放页面，一款极具设计美感的 AIGC 黑胶播放器夺人眼球。

作为我国音乐行业首个 AIGC 领域视觉尝试，QQ 音乐 App 颠覆了传统歌曲专辑封面播放形式，通过 AI 工具输入关键词，由 AI 算法组合各种元素来生成富有创意的播放器风格。目前，QQ 音乐 App 已推出机械装甲、雪山白、积木游戏、工业灰等风格，并将根据场景需求持续推出更多样式。当歌词恰好符合用户的心情，用户想要将其分享至朋友圈、微博等社交平台时，"AI 歌词海报"功能即可派上用场。基于 Stable Diffusion 和 Disco Diffusion 两个模型，无论是古风、流行还是说唱，短短几秒内，均可一键生成相应画风的海报，节省了用户寻找配图的时间。

这一系列创新，得益于腾讯公司天琴实验室业内首创的 AI 音乐视觉生成技

术 MUSE（Music Envision）的支持。作为我国音乐行业内率先布局 AIGC 领域的平台，QQ 音乐 App 凭借其对音频、歌词的深度理解以及对用户需求的前瞻性洞察，实现了音乐行业首创的规模化音乐海报绘制技术。MUSE 技术还应用于为大量无专辑归属的游离单曲生成适配的歌曲封面，提升用户的视觉体验。音乐人也可基于此技术，自主制作专辑图。在 MUSE AI 算法的支持下，QQ 音乐 App 推出了"AI·次元专属 BGM"功能。通过该功能，用户上传照片，即可生成动漫风格的对应图片，并配有专属 BGM（Background Music，背景音乐）。

此外，QQ 音乐 App 还可以将静态的图片曲谱动态化，成为业内首家推出"曲谱 OCR"功能的平台。该功能基于图像识别技术，自动识别乐谱中的和弦、音高、休止符等 10 类音乐信息，结合高精度歌词信息，一键生成智能曲谱。音乐爱好者可轻松弹唱，无须手动翻谱子。

无论是 QQ 音乐 App 积极融合 AIGC 提升用户体验，还是提高音乐爱好者的学习效率，均体现出 AIGC 技术在音乐领域的高度契合，也为行业发展拓展了想象空间。

7.3.3　AIGC 在图像生成中的应用

AIGC 的图像生成能力是通过深度学习和计算机视觉技术实现的。通过对大量图像数据的学习和分析，AIGC 可以掌握各种图像的特征、风格和内容，并能够根据用户提供的需求或语言描述，自动生成符合要求的图像内容。不仅可以将这种能力用于文化传媒领域的各个方面，如新闻报道、广告创意、影视制作、小说等，还可以将其用于艺术创作和设计等领域，以提供更多的创作灵感和高效的内容生成方式。

1. 新闻报道和广告创意

新闻报道是文化传媒领域的重要内容之一，它要求快速、准确地传递信息。在新闻报道中，图像可以起到辅助说明和增强视觉效果的作用。AIGC 可以通过对大量新闻图像的学习和分析，掌握新闻图像的语言模式和结构特点。在生成新的新闻图像时，AIGC 可以根据用户提供的关键信息以及特定的语言模式和结构特点，自动生成与之相符的新闻图像初稿。

广告创意是文化传媒领域中非常重要的内容之一。AIGC 可以通过对大量广告图像的学习和分析，掌握广告图像的语言模式和结构特点。在生成新的广告图像时，AIGC 可以根据用户提供的产品或服务信息以及特定的语言模式和结构特点，自动生成与之相符的广告图像初稿。

2. 影视制作和小说

AIGC 可以通过对大量影视图像的学习和分析，掌握影视图像的语言模式和结构特点。在生成新的影视图像时，AIGC 可以根据用户提供的故事情节和人物角色信息以及特定的语言模式和结构特点，自动生成与之相符的影视图像初稿；同时还可以根据用户的反馈意见进行修改和完善，从而使其更加符合用户的需求。

AIGC 可以通过对大量小说插图的学习和分析，掌握小说插图的语言模式和结构特点。在生成新的小说插图时，AIGC 可以根据用户提供的故事情节和人物角色信息以及特定的语言模式和结构特点，自动生成与之相符的小说插图初稿，人类编辑可以对生成的小说插图进行审核和修改，以确保其质量和准确性。

3. 艺术创作和设计

艺术创作是文化传媒领域中非常重要的内容之一，它要求能够表达艺术家的创意和情感共鸣，并且作品具有一定的艺术性和审美价值。AIGC 可以通过对大量艺术作品的学习和分析，掌握艺术作品的语言模式和结构特点，在生成新的艺术作品时，AIGC 可以根据用户提供的创意和情感信息以及特定的语言模式和结构特点，自动生成与之相符的艺术作品初稿。艺术家可以对生成的初稿进行审核和修改，以确保其质量和准确性。同时 AIGC 还可以根据艺术家的创作需求进行修改和完善，从而使其更加符合艺术家的创作风格和发展方向。

设计是文化传媒领域中非常重要的内容之一，它要求能够满足用户的需求，并且作品具有一定的设计感和美感。AIGC 可以通过对大量设计作品的学习和分析，掌握设计作品的语言模式和结构特点，在生成新的设计作品时，AIGC 可以根据用户提供的需求和设计要求以及特定的语言模式和结构特点，自动生成与之相符的设计作品初稿。设计师可以对生成的设计作品进行审核和修改，以确保其质量和准确性。例如，可以让 AI 画一幅简欧风格的客厅装修效果图，如图 7-1 所示。

图 7-1　由 AI 生成的简欧风格的客厅装修效果图

案例：AI 大模型助力视听产业升级

2023 年 7 月，在第二届全球媒体创新论坛上，上海人工智能实验室与中央广播电视总台联合发布了"央视听媒体大模型"。这一大模型旨在以原创技术推动内容原创，加速赋能视听产业应用。作为首个专注于视听媒体内容生产的 AI 大模型，央视听媒体大模型结合了中央广播电视总台的海量视听数据和上海人工智能实验室的原创算法与大模型训练基础设施优势。该大模型基于"书生通用大模型体系"，将拓展视听媒体创意空间、提高创作效率，并带来交互方式变革。央视听媒体大模型具备强大的视频理解能力和视听媒体问答能力，可根据提供的视频生成文字内容，如主持词、新闻稿件、诗歌等。目前，其生成内容已覆盖多个领域。此外，央视听媒体大模型还具备交互式图像、视频编辑与创作能力，能够为用户提供更高效的内容生产方式。

央视听媒体大模型具备视觉理解能力，能够通过跨模态互动技术将图像 / 视频视为一种"语言"，降低视觉任务的门槛。基于多模态数据建模，央视听媒体大模型可感知图像风格与纹理笔触，实现按照用户需求生成画面及风格一致的其他内容。此外，该模型还具备快速生成"数字人主播"的能力，可使用较短真人采集视频生成对应的数字人播报视频，自动学习真人语言和动作习惯，生成更逼真、自然的形象和表情。

随着技术的不断进步和应用领域的拓展，央视听媒体大模型有望在更多领域发挥重要作用。例如，在教育领域，该模型可应用于在线课程制作和虚拟教师角色扮演等方面；在娱乐领域，该模型可应用于游戏角色设计和虚拟偶像塑造等方面；在广告领域，该模型可应用于广告创意设计和虚拟模特展示等方面。此外，央视听媒体大模型还有望在虚拟现实、增强现实等新兴技术领域发挥重要作用，为人们带来更加丰富多样的交互体验。

7.3.4 AIGC 在影视中的应用

1. AIGC+ 影视：前期的剧本方面

AI 通过对海量剧本数据进行分析、归纳，按照预设风格快速生成剧本，缩短创作周期。在前期的剧本方面，AI 是 AIGC+ 影视项目中的核心人工智能系统。传统的剧本创作往往需要大量的人力和时间，而 AI 的出现改变了这一现状。AI 不仅可以快速生成符合要求的剧本，还可以根据导演或制片人的意见实时对剧本进行调整，提高了剧本创作的效率和灵活性。这种智能剧本创作方式不仅可以满足市场对于高质量剧本的需求，还可以为影视创作注入更多新鲜的创意。

2. 合成脸技术的应用

在拍摄期间，AIGC 通过合成脸技术打破了物理场景的限制，提高了影视创作的灵活性。合成脸技术是一种基于人工智能的图像处理技术。

在传统拍摄中，一个演员要扮演多个角色需要花费大量的时间和精力进行化妆和服装的变换，而且在拍摄过程中可能会遇到时间紧迫和成本高昂的问题。然而，通过合成脸技术，这些问题都可以得到解决。演员在拍摄时，只需要分别扮演不同的角色，后期制作团队可以使用合成脸技术将不同演员的脸部特征合成到对应的角色上，从而实现一个演员扮演多个角色的效果。

合成脸技术的应用不仅可以减少演员的工作量，还可以在制作特殊效果和虚拟场景时提供更多的可能。例如，在科幻电影中，合成脸技术可以用来创造外星人或虚拟生物的形象，使得这些角色更加逼真和生动。此外，还可以将合成脸技术用于修复拍摄过程中的意外瑕疵，比如演员在某个场景中出现了意料之外的伤痕，后期制作团队可以通过合成脸技术将其伤痕修复或抹除。然而，合成脸技术的应用也存在一些挑战。首先，合成脸技术需要准确地捕捉和分析演员的脸部特征，这对摄像设备和算法的精度要求较高。其次，合成脸技术的合成效果需要达到逼真和自然的程度以保证观众的观看体验，这就需要后期制作团队具备高超的技术水平和艺术水平，进行精细调整和处理。

3. 合成场景技术的应用

除了合成脸技术以外，AIGC 还通过合成场景技术为影视创作带来了创新。合成场景技术是一种利用计算机图形学和图像处理算法，将真实拍摄的场景与虚拟场景无缝融合的技术。通过合成场景技术，影视创作者可以在拍摄期间创造出更加奇幻和更具想象力的场景，为观众带来全新的视觉体验。图 7-2 展示了由 AI 生成的人类穿越太空的场景。

在传统拍摄中，影视创作者在创作特殊效果和虚拟场景时，需要借助场景搭建、道具布置和特效后期制作等环节来实现。这不仅需要投入大量的时间和资源，还可能受到物理场景的限制。然而，通过合成场景技术，这些问题都可以得到解决。影视创作者可以在拍摄期间使用绿幕或蓝幕等技术，将演员安排在一个虚拟的环境中进行拍摄。后期制作团队可以根据剧本需求，在虚拟场景中添加特效、建筑物、天气等元素，从而制作出丰富多样的场景效果。合成场景技术的应用不仅为影视创作者提供了更高的创作自由度，还可以降低拍摄成本、缩短拍摄周期，提高制作效率。例如，在历史剧或古装剧中，通过合成场景技术可以在拍摄期间创造出古代城市、宫殿和战场等场景，而无须实际搭建这些复杂的场景。

图 7-2　由 AI 生成的人类穿越太空的场景

4. AIGC 在影视项目中的应用引发的争议与担忧

　　AIGC 在影视项目中的应用引发了一些争议和担忧。一些人担心人工智能技术的广泛应用会导致影视创作机械化和同质化，削弱了人类创作者的地位和作用。他们认为，影视作品应该是人类创作者的创意和想象的结晶，其创作不应该完全依赖人工智能系统的生成和处理。另外，人工智能技术的应用也可能会对一些影视行业从业者的就业前景产生影响，特别是一些传统的特效师、场景设计师等可能会受到冲击。

　　OpenAI 公司推出的 Sora 模型生成的视频时长达到分钟级别，这的确令人震撼。曾经大火的 Runway、Pika 以及 Stability 的 SAD 等工具生成的视频时长不过十几秒。Sora 等 AI 文生视频产品有望在电影、短视频、游戏等领域较大改变创作者的工作方式，降低创作成本，提高生产效率。Sora 模型的推出，除了让人们看到 AI 大模型的无限可能，也在一定范围内引发了 "Sora 模型是否会替代影视制作从业人员" 的讨论和担忧。

7.4

AI 大模型为文化传媒带来的无限可能

7.4.1　AI 大模型与个性化推荐

个性化推荐是 AI 大模型在文化传媒领域的一个重要应用，通过分析用户的历史行为和兴趣偏好，AI 大模型可以为用户提供个性化的内容推荐。在文化传媒领域中，个性化推荐可以帮助用户更好地发现自己感兴趣的文化产品和内容，提高用户体验和满意度。通过 AI 大模型的个性化推荐技术，文化传媒机构可以更好地理解用户需求，为用户提供更具吸引力的文化产品和服务。本节将详细分析人工智能推荐算法的基础。

1. 用户行为分析

在人工智能推荐算法中，对用户行为的深入分析是至关重要的。用户的在线行为数据包括点击、浏览、搜索、购买、评价等，这些数据能够反映用户的兴趣、偏好和需求。通过收集和分析这些数据，人工智能可以了解用户的特点和需求，为推荐算法提供重要的参考依据。

用户的在线行为数据主要来自 3 个方面。一是用户的浏览行为。通过分析用户浏览的页面、在页面停留的时间以及跳转的行为路径，人工智能可以识别用户的兴趣和需求，从而为用户推荐相关的内容。例如，如果用户在电商网站上经常浏览服装类目下的商品，那么人工智能很可能会将更多的服装商品推荐给该用户。二是用户的搜索行为。通过分析用户的搜索关键词和搜索结果的点击行为，人工智能可以了解用户的查询意图和偏好，从而为用户推荐更符合其需求的内容。例如，如果用户经常搜索有关旅游的信息，那么人工智能很可能会将更多的旅游相关内容推荐给该用户。三是用户的购买行为。通过分析用户的购买记录和购买商品的类别，人工智能可以了解用户的消费习惯和偏好，从而为用户推荐更符合其需求的产品或服务。例如，如果用户经常购买鞋子，那么人工智能很可能会将更多的鞋袜类产品推荐给该用户。

2. 内容属性分析

在人工智能推荐算法中，对内容属性进行分析也是非常重要的。通过对内容的主题、风格、类型和领域等属性信息进行提取和分析，人工智能能够更好地将内容与用户的需求和兴趣相匹配，提高推荐的准确性和效果。例如，如果用户经常观看电影类的视频，那么人工智能很可能会将更多的电影类的视频推荐给该用户；如果用户经常观看搞笑类的视频，那么人工智能很可能会将更多的搞笑类的视频推荐给该用户；如果用户喜欢看小说，那么人工智能很可能会将更多的小说推荐给该用户。

3. 人工智能技术

在人工智能推荐算法中，人工智能技术是实现精准推荐的核心所在。通过对用户行为和内容属性进行分析，人工智能可以建立用户画像和内容画像，从而将用户和内容进行精准匹配。

基于内容的推荐算法是根据内容的主题、风格和类型等信息以及用户的历史行为数据和兴趣偏好等信息将符合条件的内容推荐给用户的一种推荐算法。这种算法可以有效地将用户和内容进行匹配，从而提高推荐的准确性和效果。例如，根据用户以往观看记录及评价反馈等对海量电影进行筛选，并及时、准确地提供其可能感兴趣的电影列表。用户此时看到的是经过筛选的、可直接选择的电影列表，不再显示其不感兴趣的电影，这在无形中为用户节省了很多时间和精力。企业也可以根据大众对电影的喜好度来决定电影的后续制作、播放、宣传等事宜，做到有的放矢，提高精准度。

案例：AI 大模型让个性化推荐更精准

随着移动互联网的普及，短视频行业迅速崛起并受到广泛关注。在众多短视频平台中，抖音凭借其简洁实用、丰富多样及交互性强的特点脱颖而出，并逐渐成为年轻人喜爱的社交娱乐应用之一。

抖音创立于 2016 年，凭借独特的短视频分享功能，它迅速赢得了用户的喜爱。许多用户对于抖音能准确推荐他们想要观看的短视频感到好奇，其中的奥秘在于推荐算法。

抖音的短视频推荐流程精细且复杂，简单来说，抖音利用用户数据（如观看记录、点赞次数、评论反馈等）和非用户数据（如短视频内容主题、作者背景等）构建了一系列在离线环境下深度训练的模型。这些模型旨在精确捕捉和分析用户偏好以及短视频内容之间的关联程度等关键要素。抖音在个性化推荐算法方面的一些做法如下。

- 抖音能迅速捕捉视频中的核心内容，为后续的关键特征提取提供基础。短视频语义解析：抖音通过分析视频中的文字信息和音频数据，进行全面、深入的语义分析，涉及角色建模、情绪分析、音频特征抽取、多任务场景分析以及多模态特性融合等多个方面。数据清洗和特征提取：为了构建精准的推荐系统，抖音对用户数据和视频内容进行了细致的特征工程处理。

- 当用户首次使用抖音时，系统会根据特定规则推送热门或受欢迎的短视频。同时，为了更好地吸引用户，抖音会根据默认设置将部分推荐内容确定为更热门或具有全局影响力的内容。这个环节被称为冷启动机制。

- 作为短视频推荐系统中至关重要的一种算法，协同过滤算法的理念是对于与我有共同兴趣爱好的人群所观看的视频，我可能也会产生浓厚的兴趣。与基于用户画像的推荐方式不同，协同过滤算法更注重挖掘和分析用户行为中所体现的潜在兴趣。抖音会对用户群体进行相似度分组，并参考用户的浏览历史、点赞、分享以及好友关系等多种因素，为用户推荐与其兴趣关联程度更密切的短视频作品。

- 抖音还采用了一种根据用户个人喜好、年龄层、性别属性、地理位置等特性进行精准推荐的算法。通过分析用户的特征，抖音能为用户推送最匹配其画像的内容或短视频。同时，利用实时搜索和自然语言处理技术，抖音能提供更加个性化的推荐内容。

7.4.2　AI 大模型与舆情监测

1. AI 大模型在舆情监测中的应用

在舆情监测中，AI 大模型可以在如下方面发挥重要作用。

（1）文本分类和情感分析

AI 大模型在文本分类和情感分析中发挥重要作用。

在文本分类方面，AI 大模型能够通过对文本数据的理解和分析，实现精准分类，节省人力和时间成本。同时，AI 大模型不仅能够应用于特定领域，还可以适用于理解和分析各种不同领域的文本数据，包括新闻报道、社交媒体内容、科技论文等，为各行业提供了强大的文本分类能力。另外，AI 大模型能够实现实时的文本分类，帮助企业和机构更好地把握当前的信息和动态，及时做出决策和调整。

在情感分析方面，AI 大模型的应用同样具有重要意义。通过对大量文本数据进行情感分析，AI大模型可以帮助企业对产品和服务的用户反馈进行情感分析，了解用户的满意度和情感体验结果，为产品改进和服务优化提供重要参考。

在实际应用中，AI大模型在文本分类和情感分析方面已经具有许多成功的应用案例，如在新闻媒体和电商行业中的应用等。

（2）舆情预警和风险控制

AI大模型在舆情预警和风险控制中发挥重要作用，其在监测舆情动态、识别风险信号和辅助决策方面十分关键。

首先，AI大模型可以通过对大规模文本数据的分析，实现舆情的实时监测和预警。舆情预警是指通过对社会舆论和舆情动态的监测和分析，及时发现并预警可能对政府、企业或个人形象产生负面影响的事件或信息，帮助相关方及时采取措施进行干预和调整。

其次，AI大模型通过对大规模文本数据进行情感分析和关键词识别，可以帮助企业和机构识别潜在的风险信号，包括负面舆情、投诉信息、虚假信息等，从而帮助企业和机构及时发现并应对潜在的风险。例如，AI大模型可以分析消费者对产品和服务的评价和投诉，帮助企业了解消费者的需求和反馈，并及时调整产品和服务，降低潜在的风险。此外，AI大模型还可以帮助金融机构识别潜在的信用风险，通过对大量文本数据的分析，发现与借款人相关的负面信息和风险信号，从而帮助金融机构做出更准确的信用评估和风险控制决策。

（3）用户行为分析

AI大模型在用户行为分析中发挥重要作用。AI大模型可以通过对用户评论、用户在社交媒体上的互动等数据进行分析，了解用户的行为和偏好，从而帮助企业调整产品或服务策略，提高用户满意度。例如，AI大模型可以通过对用户评论进行分析，了解用户对某一产品的使用体验和满意度，从而帮助企业及时发现产品存在的问题并采取改进措施。此外，AI大模型还可以通过对用户在社交媒体上的互动数据进行分析，了解用户的兴趣爱好和行为习惯等信息，从而帮助企业更好地了解用户需求并提供个性化的产品或服务。

2. AI大模型在舆情监测中的优势

AI大模型在舆情监测中具有如下优势。

- 高效性。在舆情监测领域中，AI大模型的高效性优势主要体现在对海量数据的处理和分析方面。随着互联网和社交媒体的快速发展，舆情数据量越来越大，传统的人工分析方法已经无法满足企业对舆情监测的需求。而

AI 大模型可以利用强大的计算能力和数据处理能力，对海量数据进行自动化的处理和分析，从而大大提高舆情监测的效率。相比传统的人工分析方法，AI 大模型可以在短时间内对大量数据进行处理和分析，及时发现潜在的舆情风险。

- 准确性。在舆情监测领域中，AI 大模型的准确性优势主要体现在对文本数据的分类和情感分析方面。传统的人工分析方法往往存在分析具有主观性、可能误判等问题，而 AI 大模型可以通过大量的学习和训练，准确地识别文本中的关键词和情感倾向，从而提高了舆情监测的准确性。此外，AI 大模型还可以利用自然语言处理技术对文本进行自动翻译和分析，避免了不同语言之间的翻译难题和误差问题。相比传统的人工分析方法，AI 大模型对文本数据的分类和情感分析结果更加客观和准确。

- 可扩展性。AI 大模型可以方便地扩展模型规模和功能，以适应不断变化的舆情环境和需求。相比传统的人工分析方法，AI 大模型的可扩展性优势更加明显，可以满足企业对舆情监测的长期需求。

7.4.3　AI 大模型在智能编辑中的应用

AI 大模型在智能编辑中的应用可以帮助编辑人员更高效地完成文本编辑、内容创作和语言处理任务，提高编辑质量和编辑效率，同时也可以为个人用户提供更加智能化的写作辅助和语言处理工具。

首先，AI 大模型可以用于智能文本编辑和校对。通过对大规模文本数据的学习和训练，AI 大模型可以识别语法错误、拼写错误、语序错误等常见的文本问题，并给出相应的修改建议。编辑人员可以借助 AI 大模型的智能校对功能，快速发现和修正文本中的错误，提高编辑质量和效率。此外，AI 大模型还可以在编辑人员的写作过程中为其提供更丰富的词汇和表达方式，从而提升文本的表达能力和吸引力。

其次，AI 大模型可以用于智能内容生成和创作。通过对大量的文本数据进行学习和模仿，AI 大模型可以生成高质量的文章、新闻报道、广告文案等内容，帮助编辑人员快速生成丰富多样的文本内容。此外，AI 大模型还可以用于智能推荐和为编辑人员提供写作灵感，根据编辑人员的需求和写作风格，为其提供相关的素材和创作建议，帮助编辑人员更快地完成内容创作和编辑工作。这种功能可以极大地提高编辑人员的创作效率和创意水平。

最后，AI 大模型可以用于智能语言处理和翻译。通过对大规模的多语言文本数据进行学习和训练，AI 大模型可以实现多语言的智能翻译和语言处理功能，帮助编辑人员更好地翻译和处理跨语言的文本内容, 提高编辑人员的跨语言编辑效率和质量。这种功能对跨国公司和国际化的媒体机构来说尤为重要, 可以帮助他们更好地进行多语言内容的处理和发布。

案例: AI 大模型助力文化传媒产业全景式转型升级

文化科技已经成为文化产业创新发展的核心动力, 而文化产业又是文化科技的重要试验场和孵化器。依托自身研发的 400 多项基础产品能力, 包括大数据、AI、区块链、数字孪生、分布式等技术, 腾讯云将广泛联合更多的合作伙伴, 服务于传媒产业的数字化转型, 致力于成为最优秀的数字化助手和连接器。

在实际应用中, 运用腾讯云的大数据和人工智能技术能力, 可以在深入分析用户行为的同时, 实现精准的内容定制和广告投放。随着文化传媒企业对计算和存储需求的不断增长, 腾讯云通过提供弹性可扩展的资源, 帮助文化传媒企业提高效率、降低成本。在网络安全和知识产权方面, 腾讯云不仅通过 DDoS 防护、数据加密等方式保证信息传输的安全性, 也提供了一系列的版权保护解决方案, 以确保文化传媒企业能够全面、高效地保护自己的知识产权。

自 2021 年腾讯云正式发布 Media I/O 以来, 已经推出了媒体 AI 中台、媒体数据中台、移动开发框架、媒体运营中台等产品, 并在持续进行迭代与升级。在 Media I/O 3.0 时代, 腾讯云将全面支持信息技术融合创新, 让技术与业务更敏捷地协同发展, 实现效率最大化。

在助力媒体整体数字化转型的征程上, 从 2022 年的 Media I/O 2.0 时代开始, 腾讯云就已经初步形成了 "3+6+N 融媒新基座"。而在 Media I/O 3.0 时代, 腾讯云的主要发力点包括: 利用大模型重构媒体 AI 中台, 以全面助力媒体策划、采访、编辑、播放、存储和发布整个流程的升级, 打造高质量内容; 进一步扩大合作伙伴生态, 丰富基于 Media Link 构筑的 Media Zone 融媒专区, 帮助媒体打通办公、生产、运营等多个业务系统, 实现全流程的协同连接; 面向自主可控的重构迭代, 全面支持媒体的自主可控需求。

AI 大模型与旅游：旅游业的沉浸式体验

• — •

随着人工智能技术的不断发展，AI 大模型在旅游业的应用越来越广泛。AI 大模型通过处理大量的数据，进行深度学习和模式识别，为旅游业带来了诸多创新和改变。本章将详细介绍 AI 大模型在旅游业的应用，包括个性化推荐、旅游助手、语言翻译、智能调度、数据分析、安全监控、虚拟现实和增强现实旅游体验以及行程规划等方面。

8.1

旅游业发展现状

随着国内外旅游市场的不断扩大和旅游消费者需求的不断增加，旅游业正在蓬勃发展。旅游行业是全球经济中持续高速稳定增长的重要战略性、支柱性、综合性产业之一。随着全球经济稳步增长、新兴经济体中产阶级不断壮大、交通条件持续改善，人们出游意愿明显增强，并带动了全球旅游业保持较好的发展势头。

8.1.1　旅游产业链概述

旅游产业链是旅游业各个组成部分之间相互依存、互补和竞争的关系，以实现旅游业整体发展和盈利的目标。旅游产业链包括旅游景区、旅游交通、旅游住宿、旅游餐饮和旅游购物等多个环节，这些环节相互关联、相互影响，共同构成了一个完整的旅游产业链。

● 旅游景区是旅游产业链的起点，它不仅是游客参观、游览的目的地，也是吸引游客旅游的重要因素。旅游景区包括自然景观、历史遗迹和文化体验等多种类型，如我国的长城、法国的埃菲尔铁塔等。这些景区不仅能够为游客提供丰富多彩的旅游体验，还能够促进当地经济的发展和文化传承。为了提升游客的旅游体验，旅游景区需要注重景点维护、环境整治和安全管理等方面的工作，确保游客能够在安全、舒适的环境中享受旅游的乐趣。同时，旅游景区还需要不断创新和升级，推出新的旅游产品和活动，以满足不同游客的需求和兴趣。

● 旅游交通是连接游客与旅游景区的重要桥梁，包括航空、铁路、公路、水路等多种运输方式。随着旅游业的发展，交通工具和运输方式不断改进和升级，为游客提供了更加便捷和舒适的出行选择。航空业的快速发展为长途旅游提供了更加快速和便捷的选择，而高铁的普及则使得中短途旅游变得更加便捷和舒适。此外，随着科技的发展，智能交通系统和共享经济等新兴模式也逐渐应用于旅游交通领域，提高了交通效率和服务质量。同时，旅游交通业的发展也促进了当地交通运输业的发展，进而促进了当地经济的发展。

- 旅游住宿是旅游产业链中至关重要的一个环节，关系到游客的休息和住宿体验。随着旅游业的发展，各类型的住宿设施（如星级酒店、青年旅社、民宿等）逐渐兴起，满足了不同游客的需求。住宿业的服务质量和个性化体验是影响游客选择的重要因素，因此，住宿业需要在提供基本服务的同时，不断推出新的服务和产品，满足游客的需求。例如，一些住宿设施提供 24 小时服务、免费早餐等特色服务，以及健身房、游泳池等配套设施，以满足不同游客的需求和喜好。同时，随着科技的发展，智能化住宿服务也逐渐兴起，如智能门锁、语音控制等技术的应用为游客提供了更加便捷和个性化的住宿体验。

- 旅游餐饮为游客提供各种餐饮服务，是旅游产业链中不可或缺的一部分。对于很多游客来说，品尝当地美食是旅行的重要组成部分。因此，旅游餐饮业需要注重食品的品质和口味，以及服务的态度和效率等方面的工作。同时，为了满足不同游客的口味和需求，餐饮企业需要不断创新和推出新的菜品和服务方式。此外，随着科技的发展，智能化餐饮服务也逐渐兴起，如智能点餐、移动支付等技术的应用为游客提供了更加便捷和高效的餐饮服务体验。

- 旅游购物是指很多游客在旅行时都会选择购买当地的特产和纪念品（作为旅游纪念），这促进了旅游购物产业的发展。购物场所和购物环境的舒适程度是影响游客购物体验的重要因素，因此，购物场所需要提供安全、舒适的购物环境，如宽敞的购物空间、清晰的商品标识、便捷的支付方式等。同时，为了满足游客的多样化需求，购物场所还需要提供多种类型的商品，如当地特色手工艺品、文化创意产品等。此外，随着互联网技术的发展，线上购物平台也逐渐成为游客购买旅游商品的重要渠道之一。

8.1.2　国内旅游数据分析

国内旅游抽样调查统计结果显示，2023 年前三季度，国内旅游市场呈现出强劲的复苏趋势。国内旅游总人次达到 36.74 亿，比上年同期增加 15.80 亿，同比增长 75.5%。这一显著增长表明了国内旅游市场的活力和潜力。城镇居民在旅游活动中的参与度更高，其国内旅游人次达到 28.46 亿，同比增长 78.0%。相比之下，农村居民国内旅游人次为 8.28 亿，同比增长 67.6%。虽然农村居民的旅游人次相对较少，但增长率仍然非常可观，反映了农村旅游市场的逐渐崛起。

这一增长主要得益于国内疫情的有效控制和旅游业的稳步复苏。各地政府在抗击疫情的过程中采取了积极的防控措施，保障了游客的健康和安全。同时，旅游企业在逐步适应新的市场环境，开发出更多符合消费者需求的旅游产品和服务。例如，线上预订、智能导游、沉浸式体验等创新模式不断涌现，为游客提供了更加便捷、个性化的旅游体验。此外，旅游企业还积极拓展国际市场，加强与海外旅游目的地的合作，引进更多国际游客，进一步促进了国内旅游市场的繁荣。

同时，居民国内出游总花费也呈现出爆炸性增长。2023 年前三季度，居民国内出游总花费达到 3.69 万亿元，比上年增加 1.97 万亿元，增长 114.4%。这一显著增长反映了旅游消费市场的强劲复苏和消费者消费信心的提升。这一增长主要得益于居民收入水平的提高和消费观念的转变。随着经济的发展和社会的进步，越来越多的人具备了较高的消费能力和旅游意愿。同时，人们对旅游的需求也发生了变化，更加注重体验和品质。这为旅游业的发展提供了更广阔的市场和更多的机遇。为了满足消费者的需求，旅游企业不断推出创新的旅游产品和服务，如高端定制游、主题体验游等，吸引了大量游客前往体验。此外，旅游企业还积极拓展新的消费场景，开发新的商业模式，如文旅融合、智慧旅游等，进一步丰富了旅游市场。

自 2023 年开始，随着外部环境的改善，各级政府加大了对文旅行业的政策扶持和消费促进力度，这些利好因素共同推动了国内文旅行业的复苏。居民对于旅游的需求在逐步恢复，表现出强烈的出游意愿。从春节的"开门红"开始，旅游市场规模呈现出强劲的增长势头。接着是"史上最火五一"假期，旅游人数和旅游收入均创下历史新高。暑期旅游市场同样火爆，游客数量和旅游收入均实现快速增长。而中秋与国庆"超级黄金周"更是掀起全年假日旅游的高潮，旅游市场呈现出前所未有的繁荣景象。这些数据充分显示了旅游经济的发展韧性和活力。这进一步确立了"旅游业加速进入全面复苏新通道"的发展态势。

8.2
AI 大模型在旅游中的应用

8.2.1　个性化推荐

个性化推荐在旅游业中的应用已经非常广泛。通过分析用户的搜索历史、预订信息、偏好以及社交媒体行为等数据，人工智能技术可以生成个性化的旅行推荐。个性化推荐在旅游业中的应用意义重大。首先，个性化推荐可以提高用户的旅行满意度。通过根据用户的喜好和兴趣向其推荐合适的旅行目的地、活动和酒店，可以使用户更加愉快地旅行，并提高他们对旅行的满意度。其次，个性化推荐还可以提高旅游企业的营销效果。通过精准推荐，旅游企业可以将有限的资源更合理地分配到潜在客户身上，进而提高转化率，增加收入。最后，个性化推荐也可以提高用户对旅游企业的忠诚度。当用户发现旅游企业可以准确理解并满足他们的需求时，他们更有可能选择继续使用该企业提供的服务。

为实现个性化推荐，旅游业广泛应用人工智能技术，包括机器学习、自然语言处理、数据挖掘等。个性化推荐通常包括数据采集、数据预处理、特征提取、模型建立、推荐生成和反馈优化等步骤。首先，系统通过各种方式收集用户的信息和行为数据，如搜索历史、预订信息、用户偏好等。然后，系统对采集到的数据进行清洗、转换和整理等预处理操作，以便后续的分析和建模。接着，系统利用数据预处理的结果，提取出可以表征用户兴趣和偏好的特征。这些特征可以包括用户的地理位置、旅行时间、预算、历史购买记录等。在建立推荐模型时，系统使用机器学习算法或深度学习模型，基于提取出的特征，预测用户对不同旅行目的地、活动和酒店的喜好度。最后，系统根据建立的模型，对用户进行个性化推荐，从旅游目的地、活动和酒店的库中筛选出最符合用户需求的推荐结果。通过收集用户的反馈数据，可以不断优化推荐算法，提供更加精准和符合用户需求的推荐。

个性化推荐在旅游业中的应用案例丰富多样。首先是目的地推荐。基于用户的兴趣、预算、旅行时间和位置等因素，系统可以为用户推荐适合他们的旅行目的地。例如，对于喜欢冒险的用户，系统可以推荐一些具有挑战性的徒步旅行路线或热门的露营地点；对于喜欢文化和历史的用户，系统可以推荐一些历史古迹和博物馆等。其次是活动推荐。根据用户的兴趣和偏好，系统可以为用户推荐适合他们参与的旅行活动。例如，对于喜欢水上运动的用户，系统可以推荐一些潜水、冲浪或划船活动；对于喜欢登山的用户，系统可以推荐一些登山或攀岩活动。酒店推荐也是个性化推荐的重要应用之一。根据用户的偏好和预算，系统可以为用户推荐适合他们的酒店。例如，对于追求奢华旅行体验的用户，系统可以推荐一些星级酒店或度假村；而对于预算有限的用户，系统可以推荐一些经济型酒店或青年旅社。此外，个性化推荐还可以用于购物推荐。根据用户的兴趣和购物偏好，系统可以为用户推荐适合他们的购物场所。例如，对于喜欢购买名牌商品的用户，系统可以推荐一些奢侈品购物中心；而对于喜欢购买当地特产的用户，系统可以推荐一些当地市场或商店。图 8-1

展示了 AI 生成的个性化旅游推荐。

请为我推荐一下旅游项目：一家三口，计划于2024年春节前从北京出发到海口旅游，共3天行程，喜欢大海、椰林、沙滩。谢谢

当然，为您设计一个适合一家三口、3天的海口旅行计划，结合您对大海、椰林和沙滩的喜爱：

第1天：抵达海口与西海岸探索

- **上午**：从北京出发飞抵海口美兰国际机场，预定机场至酒店的接送服务，入住位于海口西海岸或假日海滩附近的酒店。这一区域有宽阔的海滩和成片的椰林，环境优美。
- **下午**：前往海口假日海滩游玩，这里是海口市最具代表性的海滨浴场，可以享受阳光沙滩，孩子们可以在安全区域尽情戏水玩耍，全家人漫步在椰林间，感受海风拂面。
- **晚上**：品尝地道的海南美食，如清补凉、海鲜烧烤等，并可在海滩附近欣赏美丽的日落景色。

第2天：火山口地质公园与东寨港红树林

- **上午**：参观海口火山口国家地质公园，了解独特的火山地貌和热带植物生态，体验登山观景及科普教育活动。
- **下午**：前往东寨港红树林自然保护区，乘船游览世界稀有的海上森林，让孩子接触大自然，观察丰富的湿地生物多样性，同时欣赏周边的椰林风光。
- **傍晚**：返回市区，逛逛骑楼老街，体验海口的历史文化底蕴，购买一些当地特色纪念品或特产。

第3天：海口湾休闲与返程准备

- **上午**：游览海口湾，这里的海滨长廊非常适合骑行或者散步，沿途椰树成荫，是观赏海口城市海岸线的好去处。
- **中午**：享用午餐后，视时间安排，可以选择参观海口钟楼、五公祠等文化景点，或是在海口万绿园等地进行亲子户外活动。
- **下午**：根据返程航班时间，提前抵达海口美兰国际机场办理登机手续，如有余裕，可以在机场免税店购物，结束愉快的海口之旅。

图 8-1 AI 生成的个性化旅游推荐

8.2.2 旅游助手

AI 大模型在旅游业中的应用日益广泛，其充当的旅游助手角色已经成为旅游业中不可或缺的一部分。基于 AI 大模型的聊天机器人和语音助手凭借其强大的自然语言处理技术，为游客提供了全方位、个性化的旅游服务。

首先，AI 旅游助手能够理解和回答游客的各种问题。无论游客的问题是关于目的地的文化历史、风景名胜，还是当地的风俗习惯、特色美食，甚至是购物指南、娱乐活动等，AI 旅游助手都能通过深度学习和大数据分析，迅速、准确地提供答案。这种实时的信息交流极大地满足了游客的求知欲和好奇心，提升了他们的旅行体验。

其次，AI 旅游助手能够提供实时的旅行信息和交通状况。对于计划出行的游客来说，了解目的地的天气情况、交通状况以及可能的旅行风险是非常重要的。AI 旅游助手可以通过接入全球各地的气象预报系统和交通数据平台，实时更新并推送相关信息，帮助游客做好行程规划和应对突发情况的准备。

最后，AI 旅游助手能够为游客提供餐饮推荐和住宿预订服务。通过分析用户的口味偏好、预算范围以及地理位置等信息，AI 旅游助手可以精准推荐符合用户需

求的餐厅和美食。同时，它还可以与各大在线旅游平台进行对接，为用户提供丰富的住宿选择，并协助完成预订操作。这种便捷的服务不仅节省了游客的时间和精力，也提高了他们的旅行满意度。

8.2.3　语言翻译

世界各地的交流与互动越发频繁，旅游作为全球化的重要载体，其对语言翻译的需求也在不断提高。AI翻译工具在此背景下应运而生，它们凭借高效、准确的特点，极大地助力了游客在异国他乡的沟通与交流，减少了因语言障碍带来的不便，提升了旅行体验。

- AI 翻译工具能够实时翻译对话。无论是在餐厅点菜、在商店购物，还是在景点询问导游，只需打开手机上的翻译应用，就能将对方使用的语言即时转化为自己熟悉的语言。这种实时翻译功能使得游客无须具备流利的外语能力，也能轻松应对各种交流场景，极大增强了他们的自信心和适应能力。

- AI 翻译工具可以翻译文本信息。在旅行中，游客常常需要阅读各种指示牌、地图、菜单等文本资料，如果这些信息是用外语书写的，可能会给他们带来困扰。然而，借助 AI 翻译工具，只需拍摄或输入文本内容，就能快速获取准确的译文，这使得游客能够更好地理解并遵循相关信息，避免了因误解而造成的麻烦。

- AI 翻译工具还能实现语音指令的翻译。在驾驶、导航或使用智能设备时，通过语音指令操作往往比手动操作更为便捷。通过 AI 翻译工具，用户可以用自己的母语发出指令，系统会自动将其转化为目标语言，并执行相应的操作。这种语音翻译功能使得游客在进行复杂操作时也能保持流畅交流，提高旅行的便利性和舒适度。

8.2.4　智能调度

在当今存在高度竞争的旅游业中，航空公司和酒店面临着如何制定有效的定价策略和房间分配方案以吸引和服务顾客的挑战。AI 技术的引入为这些问题提供了全新的解决方案，通过智能调度和数据分析，AI 能够帮助航空公司和酒店实现更精准的定价、更合理的房间分配，从而提升运营效率和顾客满意度。

- AI 可以通过分析历史数据、市场需求和竞争情况，预测未来的价格趋势和需求变化。这种预测能力对于航空公司和酒店来说至关重要，因为它直接影响到他们的定价决策和收益管理。AI 系统可以实时监控各种影响价格的因素，如季节性变化、节假日、大型活动、竞争对手的价格变动等，并利用机器学习算法对与这些因素相关的数据进行深度分析和模型训练，生成对未来价格走势和需求量的精确预测。基于这些预测结果，AI 可以为航空公司和酒店提供更加精准的定价策略。传统的定价方法往往依赖经验判断和固定规则，而 AI 则能够根据市场动态和顾客行为进行动态调整，确保价格既能反映价值，又能满足盈利目标。例如，在需求旺盛的时期，AI 会建议适当提高价格以获取更高的收益；而在需求低迷的时期，AI 则会建议降低价格以吸引更多的顾客。

- AI 还可以通过预测未来的入住率和预订情况，帮助航空公司和酒店更有效地管理库存和资源。例如，当 AI 预测到某一时间段的预订量将大幅增加时，酒店可以提前做好房间清理，确保有足够的房源供应；反之，当 AI 预测到预订量将减少时，酒店则可以采取促销措施，刺激消费者的消费需求，避免房间空置造成的损失。AI 在航空和酒店行业的智能调度应用方面具有显著的优势和潜力。它不仅可以提供精准的定价策略和优化的房间分配方案，还可以提高运营效率、降低成本、提升顾客满意度和忠诚度。然而，要充分发挥 AI 的作用，还需要解决一些技术和管理问题，如数据质量、隐私保护、算法公平性、人员培训等。因此，航空公司和酒店需要与科技公司和相关专家紧密合作，共同探索和实践 AI 在旅游业的最佳应用场景和实践模式，以实现持续的创新和发展。

8.2.5 数据分析

AI 大模型在旅游数据分析中的应用日益广泛，它为旅游企业提供了前所未有的深度洞察和决策支持。通过高效、精准地分析海量的旅游数据，旅游企业能够更好地了解市场趋势、用户行为以及业务表现，从而制定更加有效的营销策略和服务方案。

- AI 大模型能够深入挖掘旅游用户的行为数据，揭示用户的旅游习惯、偏好和需求。这些数据可能包括用户的搜索历史、预订记录、消费行为、社交媒体互动、在线评价等多元化的信息。通过运用先进的机器学习和深度学习算法，AI 大模型能够识别出用户的特定旅游模式和趋势，如受欢迎的旅游目的地、热门的旅游季节、常选的住宿类型、喜欢的旅游活动等。这些数据分析对旅游企业来说至关重要，它们可以帮助企业更准确地定位目标市场，设计更具吸引力的产品和服务，提升用户满意度和忠诚度。

- AI 大模型通过对旅游市场趋势数据进行分析，能够帮助企业把握行业动态和未来发展方向。这包括对全球旅游市场的增长趋势、新兴旅游市场的潜力、消费者旅游态度和偏好的变化、政策和法规的影响等方面的监测和预测。通过对旅游市场趋势数据进行深入剖析，旅游企业可以及时调整自己的战略方向，抓住市场机遇，规避潜在风险，保持竞争优势。

- AI 大模型通过对竞争对手的相关数据进行分析，可以帮助旅游企业了解市场竞争态势，制定有效的竞争策略。通过对竞品的价格、产品特性、营销活动、服务质量、顾客反馈等方面的数据对比和评估，企业可以发现自身的优势和不足，寻找差异化竞争的机会，提升品牌影响力和市场份额。

8.2.6　安全监控

AI 大模型在旅游安全监控中的应用日益受到重视。通过视频分析技术，AI 大模型可以为旅游景点、酒店等场所提供高效、精准的安全保障手段。这一技术的实现依赖安装在各个关键位置的摄像头和先进的 AI 大模型算法。这些设备和算法协同工作，能够自动检测异常行为或拥挤情况，并及时做出响应，确保游客的安全和舒适体验。

- AI 大模型在旅游安全监控中的核心功能是实时监测、分析人群流量和行为模式。在旅游高峰期或者特殊活动期间，人流密集的地方容易出现安全隐患，如踩踏事故、盗窃事件等。通过 AI 大模型的视频分析技术，系统可以实时获取各个监控区域的人流数据，包括人数、密度、流动方向等信息。通过对这些人流数据的深度学习和模式识别，AI 大模型能够准确预测人群的动态变化和可能的风险点。这种预测能力使得管理者能够在问题发生之前采取预防措施，如调整人员疏导路线以分散人群，增加安全警示标识以提醒游客注意安全，甚至提前调配安保力量以应对可能出现的紧急情况，等等。

- AI 大模型可以自动检测异常行为并及时报警。在旅游场所中，一些不法分子可能会利用人群拥挤的环境进行违法行为，如扒窃、诈骗、骚扰等。通过 AI 大模型的智能识别技术，系统可以对监控画面中的行为进行实时分析，发现异常行为的迹象。例如，系统可以通过识别快速移动、异常聚集、可疑物品等特征，判断是否存在潜在的安全威胁。一旦发现可疑情况，系统会立即向安保人员发送警报，并提供情况发生地详细的位置和图像信息，以便他们迅速采取行动。这种自动化报警机制大幅缩短了反应时间，提升了安全防范的效果。

● AI 大模型能够用于优化旅游场所的运营管理和服务质量。通过对游客的行为和反馈数据的分析，系统可以深入了解游客的需求和满意度，为管理者提供决策支持。例如，系统可以分析游客在某个景点的停留时间、游览路线、消费行为等数据，揭示游客的喜好和习惯。这些分析可以帮助企业优化服务流程，提升产品质量，制定更具吸引力的营销策略。例如，如果数据显示游客更喜欢在特定时间段参观某个景点，企业可以调整景点的开放时间和人员配置，以满足游客的需求；如果数据显示游客对某种商品或服务的反馈较好，企业可以加大该商品或服务的推广力度，提升销售额和口碑。

8.2.7　虚拟现实和增强现实旅游体验

虚拟现实和增强现实（Augment Reality，AR）旅游体验是当前旅游业中一种极具创新性和前瞻性的应用方式，它借助 AI 大模型的强大能力，为用户提供了前所未有的旅行预览和体验方式。通过结合虚拟现实和增强现实技术，用户在家中就能身临其境地感受到目的地的风景、建筑和文化等元素，这种沉浸式的体验不仅能够提高用户的兴趣和期待值，还可以帮助企业更生动、直观地展示自己的产品和服务特点。

AI 大模型在虚拟现实和增强现实旅游体验中的应用主要体现在内容生成方面。在内容生成方面，AI 大模型利用深度学习和计算机视觉技术，对海量的图像、视频和三维模型数据进行高效处理和精细渲染，构建出高度逼真的虚拟现实和增强现实场景。这些场景不仅能够精确再现目的地的真实风貌，包括地形地貌、建筑风格、自然景观等细节，而且能够根据用户的需求和喜好进行定制和优化。例如，用户可以选择不同的季节、天气、时间和视角来观赏景点，甚至可以与虚拟环境中的物体和人物进行互动，如参与当地的节日庆典、探索历史遗迹等。AI 大模型可以根据用户的行为和反馈，实时调整和优化虚拟现实和增强现实场景，提供更加个性化和动态化的体验。

虚拟现实和增强现实旅游体验具有诸多优势且对用户具有很强的吸引力。首先，它打破了空间和时间的限制，让用户在任何地方、任何时候都可以进行旅行体验，无须考虑交通、住宿、签证等问题，大大降低了旅行的成本和风险；用户可以在家中舒适地享受到如同实地旅行般的体验，避免了旅行过程中的疲劳和不便。其次，它提供了更加丰富和深入的旅行体验，用户可以在虚拟现实和增强现实中自由探索和交互，感受目的地的文化、历史和生活方式，增强对目的地的了解和认同感；用户可以通过虚拟现实和增强现实技术，深入了解目的地的历史背景、文化特色和民俗风情，从而更好地融入当地的生活和文化氛围。此外，虚拟现实和增强现实旅游体验还可以帮助用户提前做出规划和决策，降低实际旅行的风险和不确定性，提高旅行的质量和满意度。用户可以通过虚拟现实和增强现实技术，预先了解目的地的各种信息和情况，制定更加合理和有效的旅行计划和策略。图 8-2 展示了基于虚拟现实、增强现实和 AI 的沉浸式旅游。

图 8-2　基于虚拟现实、增强现实和 AI 的沉浸式旅游

8.2.8　行程规划

行程规划是旅游体验中的关键环节，而 AI 大模型的应用为这一环节带来了前所未有的便利和智能化。通过运用先进的算法和大数据分析技术，AI 大模型能够帮助游客制定出最优的旅行行程，确保他们在有限的时间内最大限度地享受旅行的乐趣和价值。

AI 大模型在行程规划中考虑得非常全面且深入。它不仅会综合分析各种显而易见的影响因素，如交通方式、游览顺序、景点开放时间等，还会考虑到一些可能被忽视的细节问题。例如，AI 大模型会结合实时的交通信息和路况数据，预测不同时间段的拥堵情况和行车速度，为游客提供最佳的出行时间和路线选择；同时，AI 大模型还会考虑到各个景点的开放时间和关闭时间，以及可能存在的排队等待时间，通过精确计算和优化，合理安排游客的参观顺序和停留时间，避免浪费时间和精力。

AI 大模型还能够根据用户的个人偏好和历史行为数据，提供高度个性化的行程规划方案。通过对用户过去的搜索记录、预订记录、评价反馈等数据进行深度学习和分析，AI 大模型可以深入了解用户的兴趣爱好、旅行风格和需求特点，从而推荐更加符合他们兴趣的景点、餐厅、酒店和活动。这种个性化推荐不仅可以提高用户的满意度和用户对企业的忠诚度，也可以帮助企业更好地满足市场需求，提升品牌影响力和市场份额。例如，如果 AI 大模型发现用户对历史文化类景点特别感兴趣，那么在推荐行程时，AI 大模型就会优先考虑包含此类景点的方案，并且可能会推荐一些与历史文化类主题相关的餐厅和活动，以增强用户的旅行体验和旅行的沉浸感。

8.3
AI 大模型推动旅游业繁荣发展

8.3.1 AI 大模型进入旅游业

市场调研数据揭示，2023 年上半年，我国已经发布了 80 多个参数规模超过 10 亿的大模型，并且这些模型正在各行各业中逐步实现实际应用和落地。在旅游业中，AI 大模型被广泛期待能够在智能问答、个性化筛选推荐，以及提升供需匹配精准度和交易转化效率等方面发挥关键作用。

旅游业对人工智能技术的关注与投入呈现出持续增长的态势。随着市场规模的持续扩大以及消费者需求的不断变化，旅游业亟须进行创新和改进，以适应市场的快速变化并满足消费者日益多元化和个性化的需求。

展望未来，个性化旅游产品有望成为市场主流产品，更多关注环保和可持续性的绿色旅游方式也将得到更多消费者的青睐。同时，智能旅游技术的应用将进一步普及，包括但不限于虚拟现实体验、智能导游服务、自动化预订系统等，为游客提供更加便捷和高效的旅行体验。此外，跨界融合将成为推动旅游业发展的重要方向，旅游业与其他行业（如文化、科技、娱乐等）的深度融合将创造出更多元化和富有创新性的旅游产品和服务。

对于这些变革和挑战，旅游业需要积极应对，通过技术创新、服务升级和模式创新等方式，不断提升自身的竞争力和吸引力。只有这样，旅游业才能在快速变化的市场环境中为消费者提供更优质、更个性化的旅游体验和服务，推动整个行业的持续发展和繁荣。

8.3.2　AI 大模型影响导游职业

　　导游这一职业是否会被 AI 大模型替代，以及行业垂直大模型在旅游领域的应用，成为当前业界关注的焦点。AI 大模型可分为通用大模型和行业垂直大模型两类。通用大模型犹如"通才"，虽涉猎广泛但行业深度有限，有时无法确保内容的真实性。相较之下，行业垂直大模型在解决专业领域问题方面具有明显优势。因此，在热潮涌动的背景下，"入局者"意识到，让 AI 大模型在行业应用中扎实落地，才能深入发展。实际上，AI 大模型在旅游业的应用空间广阔。例如，在旅游产品开发方面，企业可根据市场、目标客群、线下资源等因素，结合成本和报价，利用 AI 大模型优化产品设计，实现降本增效。此外，企业可通过 AI 大模型提升管理水平、构建知识库，使导游培训更专业有效；同时，辅助提高各类旅游活动的安全性，提供更优质的服务。

　　值得注意的是，部分大型企业的 AI 大模型已开始涉足旅游场景。例如，腾讯云在公布行业大模型研发进展时，提及智能客服大模型在文旅领域的应用；阿里巴巴集团也表示，未来将接入"通义千问"大模型，并进行全面改造，涵盖旅游业场景。

　　AI 大模型在旅游业中确实展现出了强大的潜力和应用价值，特别是在提供查询信息、个性化推荐、语言翻译等方面。然而，AI 大模型要完全取代导游这个职业目前看来还存在一些挑战和限制。

　　尽管 AI 可以提供大量的信息和数据，但它无法完全复制人类导游在旅行中的互动性和人性化服务。优秀的导游不仅能够向游客传递知识和信息，还能根据游客的需求和情绪进行灵活应对，提供个性化的讲解和服务，与游客建立情感联系，这是目前 AI 技术难以完全模拟的。导游的任务并不仅是提供信息和解说，他们在处理突发情况、确保游客安全、解决实际问题以及提供当地文化和社会背景的深度解读等方面具有不可替代的作用。要起到这些作用需要人类的判断力、同理心和实践经验，而这些是 AI 在当前阶段难以完全具备的。旅游业是一个高度依赖人际交往和体验的行业，许多游客选择跟团旅行或雇佣导游的部分原因是寻求一种社交和互动的体验，这是 AI 目前无法完全提供的。

案例：AI 大模型助力旅游更舒适

　　携程旅行网作为我国旅游业的领军企业，一直秉持着技术创新的核心理念，不断进行大规模的技术研发与投入。这些深厚的技术积累，为携程旅行网推出 AI 大模型产品提供了强有力的支撑。

在人工智能、机器学习等领域的长期研发投入，使得携程旅行网有了充足的实力去探索 AI 大模型产品的可能。同时，这些研发投入也成了携程旅行网在旅游业中保持领先地位的关键因素。

携程旅行网在旅游业精耕细作 20 多年，积累了大量的行业数据，这些为其推出行业大模型奠定了坚实的基础。AI 大模型的运行离不开数据、算力和算法，数据是其中的基础，如果没有充足的数据支持，AI 大模型的训练将难以进行。

"携程问道"是携程旅行网自主研发的行业垂直大模型产品。携程旅行网筛选了 200 亿条高质量的非结构性旅游数据，并结合精确的实时数据、已训练的机器人和搜索算法，对该大模型产品进行训练。这一举措不仅提升了携程旅行网推荐的专业性和准确性，也使得大模型产品得以落地应用。

在用户层面，携程旅行网对用户需求的深入洞察，成为推动 AI 大模型产品落地的重要动力。携程旅行网通过深入了解旅游用户的需求，精准把握用户的痛点，实现了与用户需求的精准匹配。

AI 大模型在旅游业的应用，有望带来该行业的变革。一方面，AI 大模型可以助力在线旅游平台创造更多价值，实现降本增效。例如，携程旅行网组建了庞大的客服团队，但人力有限，AI 大模型可以提升客服服务效率，快速响应消费者需求。另一方面，AI 大模型可以提升用户体验，提供高效旅行服务。随着相关技术的发展，AI 大模型能够为用户提供个性化的线路规划，高效解答各类疑问，节省用户的决策时间。

当前，AI 大模型已经深入各行各业，行业垂直大模型日益受到欢迎。尽管 AI 大模型为行业赋能，但企业也需要关注数据安全、推荐精准度等问题。随着旅游业的复苏，AI 大模型有望成为行业的新变量。未来旅游业将在 AI 大模型的推动下发生何种变化，让我们拭目以待。

第 9 章

AI 大模型与零售：零售业的新跃升

随着人工智能技术的不断发展，AI 大模型在零售业中的应用正带来前所未有的变革。AI 大模型具有强大的数据分析和模式识别能力，可以深度理解和预测消费者行为和市场趋势，为零售业提供精准的营销策略和优化建议。同时，AI 大模型还可以通过智能推荐、智能客服和智能导购等技术，为消费者带来更加个性化和智能化的购物体验。

9.1

零售业发展现状与变革趋势

9.1.1 零售业的重要性

零售业是一个在国民经济中扮演重要角色的行业，它涉及将工农业生产者生产的产品直接销售给居民作为生活消费用品，或者销售给社会集团作为公共消费用品的商品销售活动。这个行业涵盖了各种不同的销售方式和渠道，从传统的实体店铺销售到新型的网络销售，各种销售方式和渠道都在不断地发展和创新。零售业的核心是将商品及相关服务提供给消费者作为最终消费之用。

近年来，随着全球消费需求、消费渠道、消费方式的转变，全球零售额迅猛增长的时代已经过去，零售额增速放缓趋势明显。数据显示，2013—2018 年全球零售总额保持小幅增长，增速放缓，2019 年和 2020 年全球零售总额出现下滑，而2021 年全球零售总额开始持续增长，2022 年全球零售总额达到 27.3 万亿美元。美国电子商务零售额持续增加，将持续在全球零售业中占据重要的地位。

9.1.2 零售业的主要业态

在商品经济中，零售业是连接生产者和消费者的桥梁，它不仅促进商品流通，而且为消费者提供多样化的商品和服务选择。零售业的发展状况直接影响整个经济体系的运行，是国民经济的重要组成部分。

1. 我国零售业发展迅猛

从历史发展看，我国的商业流通经历了杂货店、商超、电商到新零售的演变，这一演变过程与消费者需求和供应链效率的共振迭代息息相关。20 世纪是零售业经营方式的变革时期。20 世纪 30 年代前后，出现了大型的、专业化程度较高的、提供优质服务的百货商店、超级市场；20 世纪 50 年代为适应消费者对购物的多层次需求，出现了融百货店、超级市场、餐饮、娱乐为一体的购物中心；20 世纪 60 年代为降低成本，获取规模效益，提升竞争能力，连锁商店应运而生；20 世纪 70 年代为克服经济"滞胀"，价格优势突出的仓储商店迎合了消费者的心态；进入

20 世纪 80 年代，由于新技术革命，特别是网络通信技术的快速发展，以电子购物为特征的邮购、电话购物、电视购物、网上购物等新型经营方式出现。零售业竞争加剧，市场集中度越来越高，少数大型零售商控制大量份额，小型零售商基本走向专业化。

1990—2010 年，消费者对一站式购物的需求迅速增长，这促使商超业态蓬勃发展，百货、超市企业开始构建市场化的流通供应链体系。在这期间，传统杂货铺渠道的份额从 37% 下降到 15%，而百货、超市企业等的份额从 62% 提升至 81%。

自 2003 年淘宝成立以来，互联网与消费者的购物需求紧密结合，消费者追求便利、便宜和长尾商品。同时，供应链也实现了扁平化的提效，推动了网购市场规模的快速增长。未来，消费需求将进一步演进到极致商品和极致体验阶段。在这个阶段，解决消费者的痛点成为新零售创新的切入点，而科技则成为提升流通效率的有效工具。

2. 零售业的 4 种业态

发展至今，零售业的主要业态包括零售商店、无铺零售、联合零售和新业态零售 4 种。

- 零售商店：零售业的主要业态，它们通过实体店铺为消费者提供商品和服务。这些店铺通常位于居民区或商业区，方便消费者购买商品。它们不仅提供各种商品，还提供售后服务和客户支持，是消费者日常生活的重要组成部分。
- 无铺零售：一种新兴的零售形式，指利用互联网和数字化技术，通过在线平台、社交媒体等渠道销售商品。这种形式打破了时间和空间的限制，为消费者提供了更便捷的购物体验。无铺零售还提供了更多的商品选择和价格比较，使消费者能够更方便地购买到自己需要的商品。
- 联合零售：指多个品牌或公司共同建立一个销售平台，以提供更丰富的商品和服务。这种形式可以实现资源共享、降低成本，并提高市场竞争力。联合零售还促进了品牌之间的合作和交流，推动了商业模式的创新和发展。
- 新业态零售：采用新技术、新模式和新业态，如无人超市、智能家居等。这种形式旨在提供更智能化、更便捷的购物体验，满足消费者的多元化需求。新业态零售还推动了传统零售业的转型升级，提高了企业的竞争力和市场适应能力。

9.1.3　我国零售业未来变革趋势

1. 数字化和数据驱动

随着科技的飞速发展，数字化和数据驱动已经成为零售业不可或缺的一部分。数字化使得零售企业能够利用在线平台、社交媒体和其他数字化渠道与消费者建立更紧密的联系，并提供更便捷、更个性化的购物体验。数据驱动则允许零售企业收集和分析大量消费者数据，以更准确地了解消费者的需求和购物习惯。通过数据驱动的策略，企业可以预测产品的销售趋势，提前做好库存管理，避免缺货或积压过多库存，从而优化供应链、降低成本并提高运营效率。此外，数据还可以用于制定更精准的营销策略，提升营销效果和投资回报率。

2. 个性化和差异化

在竞争激烈的零售市场中，个性化和差异化是吸引消费者并提升品牌形象的关键。消费者对产品和服务的个性化需求越来越高，他们希望得到符合自己品位和需求的产品与体验。为了满足这一需求，零售企业需要不断创新，提供定制化产品、独家品牌或特色服务。通过与消费者进行互动，了解消费者的需求和反馈，企业可以进一步优化产品和服务，提供更加差异化的体验。企业提供个性化的产品和服务不仅可以满足消费者的需求，还可以提高消费者对企业的忠诚度和品牌认知度，从而增加销售额和市场份额。

3. 社交化和场景化

社交媒体和移动互联网的普及改变了消费者的购物方式和购物体验。现在，消费者可以在任何时间、任何地点进行在线购物和分享购物体验。社交化使得零售企业需要更加注重提供优质的购物体验和客户服务，以及在社交媒体等平台上与消费者进行互动。通过创造独特的购物场景和提供个性化的产品推荐，企业可以吸引消费者并增强消费者对品牌的忠诚度。同时，企业还可以利用社交媒体等平台进行品牌宣传和推广，提高品牌知名度和影响力。社交化和场景化的趋势使得零售企业需要不断创新和优化服务，以适应消费者的需求和购物习惯的变化。

4. 多业态经营和跨界合作

随着消费者需求的多样化，零售企业需要不断创新和拓展业务范围，以提供更加全面的产品和服务。多业态经营和跨界合作是零售企业实现多元化发展的重要手段。通过线上零售企业与线下实体店的合作，零售企业可以为消费者提供更加便捷的购物体验；而通过与其他产业的跨界合作，则可以为消费者提供更加多元化的服务。例如，零售企业可以与旅游、娱乐等产业合作，打造独特的购物旅游路线或提供娱乐化的购物体验。多业态经营和跨界合作不仅可以满足消费者的多样化需求，还可以为零售企业带来新的增长点和竞争优势。

9.2
AI 大模型在零售业中的应用与创新

9.2.1　精准营销

AI 大模型可以通过对消费者行为和市场趋势的深度分析，为零售企业提供精准的营销策略和优化建议。同时，AI 大模型还可以根据市场趋势和竞争状况，为零售企业提供最佳的定价策略和促销方案。

AI 大模型可以通过对消费者的购买历史进行分析，发现消费者的购买偏好和行为模式。通过深度学习和数据挖掘技术，AI 大模型可以从海量的消费者数据中挖掘出消费者的购买偏好、频次、金额等信息，从而了解消费者的消费习惯和偏好。例如，AI 大模型如果发现某个消费者经常购买健康食品和健身器材，就可以向该消费者推荐相关的健康食品和健身器材，提高其购买商品的可能性。这种个性化推荐可以帮助零售企业更好地满足消费者的需求，提高销售额和客户忠诚度。

9.2.2　智能推荐

AI 大模型可以通过对消费者行为和偏好的深度理解，为消费者提供个性化的商品推荐和服务。

1. 用户画像与行为分析

AI 大模型可以对大量用户数据进行深度挖掘和分析，形成丰富的用户画像。用户数据包括消费者的购买历史、浏览记录、搜索记录等。通过对这些数据的分析，AI 大模型能够了解消费者的偏好、需求以及购物习惯，从而为消费者提供个性化的商品推荐和服务。

在进行用户画像与行为分析的过程中，AI 大模型的主要作用涉及以下几个方面。

- 用户身份信息分析：通过分析用户的注册信息、登录行为等，对用户的身份特征进行提取和挖掘，了解用户的年龄、性别、地区等基本信息。

- 购买行为分析：通过分析用户的购买记录，了解用户的购买习惯、购买偏好以及购买力等信息，从而为其推荐最符合其需求的商品和服务。

- 浏览行为分析：通过分析用户的浏览记录，了解用户对哪些商品感兴趣，哪些商品最受用户欢迎等，从而为其提供更加个性化的商品推荐和服务。

- 搜索行为分析：通过分析用户的搜索记录，了解用户对哪些关键词感兴趣，从而为消费者推荐更多相关的商品或服务。

通过对用户画像和行为的深度理解，AI 大模型能够为消费者提供更加精准、个性化的商品推荐和服务；同时，也能够为电商等相关行业的公司提供宝贵的市场分析和用户洞察能力，有助于提高其竞争力和盈利能力。

2. 实时推荐系统

实时推荐系统利用 AI 大模型对消费者的行为和偏好进行实时分析，从而能够及时捕捉消费者的需求变化，并为其提供个性化的推荐结果。这种实时性不仅可以提高消费者的购买满意度，还可以帮助零售企业更好地了解消费者的需求和市场趋势，实现更有效的营销和更高的销售额。

实时推荐系统应用 AI 大模型的一些核心优势如下。

- 实时推荐系统利用 AI 大模型可以实时捕捉消费者的行为和偏好变化。例如，当消费者在网上搜索某种商品时，AI 大模型可以根据其搜索关键词和浏览记录，及时更新推荐结果，为其推荐与其搜索相关的其他商品，提高消费者购买商品的可能性。这种实时捕捉消费者行为和偏好变化的能力可以帮助零售企业更好地了解消费者的需求，提供更加个性化的购物体验。

- 实时推荐系统利用 AI 大模型可以及时更新推荐结果。通过对消费者行为和偏好的实时分析，AI 大模型可以及时更新推荐结果，为消费者提供最新、最符合其需求的商品和服务。

- 实时推荐系统利用 AI 大模型可以实现个性化推荐。通过对消费者行为和偏好的实时分析，AI 大模型可以发现消费者的个性化需求，从而为其推荐更加个性化的商品和服务。

案例：AI 大模型重塑"人货场"关系

随着 AI 大模型时代的到来，电商行业正悄然酝酿着一场深层次的转型与革新，"人货场"体系及其运营机制即将面临一次全面的重构。据百度公司介绍，慧播星作为 2024 年该公司电商计划中的关键性升级项目，扮演着 AI 全栈式数字人直播解决方案的重要角色，并被视作百度公司电商战略布局中的"王炸"。慧播星将在形象生成、语音合成、脚本创作、互动问答以及智能直播间装修等多个维度进行全面的技术能力升级，构建了 AI 主播、AI 智慧中枢和 AI 虚拟直播间三位一体数字人直播解决方案架构。依托百度公司文心一言大模型卓越的生成能力和自主研发的一系列先进技术，商家仅需通过 3 步简易操作，最快可在 5 分钟内完成数字人直播间的创建并一键开启直播。实际数据表明，百度公司数字人直播方案能够为商家有效降低高达 80% 的直播运营成本。

百度公司电商业务部负责人表示，自慧播星上线以来，已吸引超过 1 万家商家入驻并启用 7×24 小时超低成本直播服务，实现了平均 50% 的总商品交易额增长幅度，且商家平均投资回报率高于 2。值得关注的是，目前已有 57% 的采用数字人直播的商家报告显示其转化率明显优于传统真人直播场景的转化率。此外，数字人直播展现出了强大的销售爆发力，以苏宁为例，单次数字人直播活动所创造的总商品交易额就超过 300 万元。

9.2.3 智能客服

AI 大模型在客服服务中的应用正在改变着消费者与企业之间的互动方式。随着自然语言处理、语音识别和语音合成等技术的不断发展，AI 大模型能够为消费者提供更加智能化、个性化、便捷和高效的客服服务，从而显著提升消费者的购物体验和满意度。这种智能客服服务不仅能够帮助消费者快速解决问题，还能够为消费者提供更加个性化的服务体验，从而增强消费者对企业的信任感和忠诚度。

1. AI 大模型与自然语言处理技术

自然语言处理（Natural Language Processing，NLP）技术是 AI 大模型的核心技术之一，能够让机器理解和分析人类语言，从而进行自动化处理和回复。在客服服务中，AI 大模型可以通过自然语言处理技术自动回答消费者的问题和消除消费者的疑虑。当消费者在购物过程中遇到问题或者需要帮助时，他们可以通过在线聊天或发送邮件等方式向客服提出问题。AI 大模型可以利用自然语言处理技术来理解消费者提出的问题，然后给出准确、及时的回复。这种自动化的客服服务不仅可以提高效率，减少消费者等待的时间，还可以确保消费者在任何时间都能够得到帮助，从而提升购物体验和满意度。在自然语言处理技术的应用中，情感分析是非常重要的一部分。AI 大模型可以通过情感分析技术识别和分析消费者在文本中所表达的情感，从而更好地了解消费者的需求和反馈。在客服服务中，情感分析技术可以帮助 AI 大模型更好地了解消费者的情绪和需求，从而提供更加个性化的服务和解决方案。例如，当消费者在购物过程中遇到问题时，AI 大模型可以通过情感分析技术判断消费者的情绪状态，然后根据消费者的情绪状态提供相应的解决方案。如果消费者感到沮丧或不满，AI 大模型可以提供更加耐心和贴心的服务，以帮助消费者解决问题；如果消费者感到轻松和愉快，AI 大模型可以提供更加简洁和快速的解决方案，以满足消费者的需求。

2. AI 大模型与语音识别技术和语音合成技术

随着智能语音助手的普及，越来越多的消费者习惯使用语音进行交流。AI 大模型首先可以利用语音识别技术将消费者的语音信息转换为文本信息，然后通过自然语言处理技术进行分析和理解，最后利用语音合成技术将回答转换为语音信息传达给消费者。

在语音识别技术和语音合成技术的应用中，音质和口音是需要考虑的因素。AI 大模型可以通过学习和训练来适应不同的音质和口音，从而提高语音交互的准确性和流畅性。同时，为了提供更加人性化的服务体验，语音合成技术需要具备多种语言风格和语调供消费者选择，以满足消费者的不同需求和喜好。例如，当消费者使用语音助手进行咨询时，AI 大模型可以根据消费者的口音和语气进行智能化的回答，以更加自然和亲切的方式回答消费者的问题。

此外，AI 大模型还可以根据消费者的偏好和历史行为数据进行分析和学习，以更加精准地推荐商品和服务。

3. AI 大模型在客服服务中的优势

AI 大模型在客服服务中具有如下优势。

- 提高效率。通过自动化和智能化的处理方式，AI 大模型可以快速回答消费者的问题和消除消费者的疑虑，从而提高客服服务的效率。这可以帮助企业节省人力成本，提高服务质量和效率。
- 提供个性化服务。AI 大模型可以通过学习和分析消费者的历史数据和行为，为消费者提供更加个性化的服务和解决方案。
- 降低成本。通过自动化和智能化的处理方式，AI 大模型可以减少人工客服的工作量和降低服务成本。这可以帮助企业降低成本，提高盈利能力。

● 提高客户满意度。通过提供更加快速、准确和个性化的服务体验，AI 大模型可以提升消费者的购物体验和满意度。这可以帮助企业建立良好的口碑和品牌形象，促进企业的长期发展。

9.2.4　智能导购

AI 大模型可以通过图像识别和语音交互等技术，为消费者提供智能化的导购服务。例如，通过识别消费者的面部特征和语音信息等数据，AI 大模型可以推断消费者的年龄、性别和偏好等信息，为消费者推荐最合适的商品和服务。同时，AI 大模型还可以通过语音合成等技术，为消费者提供实时导航和指引等服务。

1. 图像识别技术在智能导购中的应用

图像识别技术是人工智能领域的重要分支之一，它通过使用特定的算法对图像进行识别和分析，以提取出图像中的有用信息。在智能导购服务中，图像识别技术主要应用于人脸识别、商品识别和场景识别等方面。

● 人脸识别技术是通过对消费者的面部特征进行识别和分析，推断出消费者的年龄、性别和情绪等信息。这些信息有助于企业更好地了解消费者的需求和偏好，从而为其提供更加个性化的服务。例如，在商场或超市中，通过人脸识别技术可以快速准确地识别出消费者的身份信息，并为其推荐合适的商品或服务。此外，还可以将人脸识别技术用于安全监控领域，例如，在公共场所或重要设施中设置人脸识别系统，以保障安全。

● 商品识别技术是通过使用图像识别算法对商品图像进行识别和分析，提取出商品的名称、品牌、价格等信息。这些信息有助于企业更好地管理商品库存和销售情况，同时也可以为消费者提供更加准确的商品推荐和导购服务。例如，在电商平台上，通过商品识别技术可以快速准确地识别出消费者想要查询的商品的信息，并为消费者推荐相关的商品或服务。此外，还可以将商品识别技术用于防伪领域，例如，在品牌商品上使用防伪标识，以保护品牌形象和消费者的权益。

● 场景识别技术是通过使用图像识别算法对购物场景进行识别和分析，判断消费者的购物环境和购物需求。例如，在商场或超市中，通过场景识别技术可以总结出消费者在哪个区域停留时间较长、对哪些商品比较感兴趣等信息，从而为其推荐最合适的商品和服务。此外，还可以将场景识别技术用于店面布局和展示设计等领域，例如，根据消费者的购物习惯和偏好进行布局和展示设计，以提升消费者的购物体验和满意度。

2. 语音交互技术在智能导购中的应用

语音交互技术是人工智能领域的另一个重要分支，它通过使用特定的算法对语音进行识别和分析，实现人与机器之间的自然交互。在智能导购服务中，语音交互技术主要应用于语音识别、语音合成和情感分析等方面。

- 语音识别技术是通过对消费者的语音信息进行识别和分析，了解消费者的意图和需求。例如，消费者可以通过语音指令来进行查询商品价格、了解商品详情等操作，从而实现更加便捷和高效的购物体验。此外，还可以将语音识别技术用于智能客服领域，例如，在电商平台上，可以通过智能客服系统回答消费者的问题和消除其疑虑。

- 语音合成技术是通过使用特定的算法将文本信息转换为语音信息，从而为消费者提供更加生动和形象的导购服务。例如，在智能导购系统中，可以使用语音合成技术为消费者提供实时导航和指引等服务，帮助其更加便捷地找到目标商品或服务。此外，还可以将语音合成技术用于智能家居领域，例如使用语音指令来控制智能家居设备等操作。

- 情感分析技术是通过使用特定的算法对消费者的语音信息进行情感分析，判断消费者的情绪状态和购物需求。例如，当消费者表达出不满或失望的情绪时，可以使用情感分析技术及时调整推荐策略，为其推荐更加合适的商品和服务。此外，还可以将情感分析技术用于营销领域，例如，根据消费者的情绪状态进行个性化营销和推广等操作。

9.3

AI 大模型 + 数字人，直播带货新机遇

9.3.1　AI 大模型与数字人的发展

传统意义上，数字人是指通过计算机图形学、图形渲染、语音合成、动作捕捉、深度学习、类脑科学等聚合科技创设的非物理世界的可交互虚拟形象。数字人是一个在 20 世纪 80 年代前后开始崭露头角的概念。在这个时期，日本打造了全球首位

虚拟歌姬林明美；英国的 George Stone 也创作出虚拟人物 Max Headroom。这一阶段的虚拟人物大多以计算机生成图像技术为基础，结合一些创新的动画和音效设计，使它们在视觉和听觉上达到逼真的效果。

进入 21 世纪，随着建模、动作捕捉等技术的不断进步，数字人产业得到显著发展。这一时期，以演员动捕结合计算机图形学合成的虚拟人物开始在影视行业得到广泛应用。这些技术进步使得虚拟人物的动作和表情更加自然和真实，为影视制作提供了更大的创意空间和更多的表现形式。随着时间的推移，Z 世代群体对自动生成内容的需求不断增加，身份型数字人的认可度也逐渐提升。这一时期，虚拟偶像开始走向大众，成为一种受到广泛关注的娱乐形式。"粉丝"可以通过社交媒体与自己喜爱的虚拟偶像进行互动。

近年来，随着深度学习算法和硬件设备的不断进步，数字人的拟人化水平得到显著提升。这些技术的发展使得数字人能够更好地理解和表达语言，具备更强的对话能力。这为数字人在各个领域的应用提供了更广阔的空间。例如，在客户服务领域，虚拟客服的智能化回答可以快速准确地解决用户的问题；在教育领域，虚拟教师可以通过智能语音识别和语义理解技术为学生提供更具针对性的教学服务。

在 AI 时代的推动下，数字人产业的发展前景十分广阔。随着技术的不断进步和应用场景的拓展，虚拟人物将更加智能化、个性化和社会化。不仅可以将它们用于娱乐、影视等领域，还可以将其用于智能助手、社交机器人等领域，为社会带来更多的创新和变革。

9.3.2 政策助力 AI 大模型与数字人发展

1. "十四五"规划推动虚拟现实和增强现实发展

"十四五"规划明确将"虚拟现实和增强现实"定位为数字经济重要产业，强调数字化转型对生产方式、生活方式和治理方式的全面驱动，意在催生新产业、新业态和新模式，为经济发展注入新的活力。在此背景下，2022 年 10 月，工业和信息化部与多部门联合印发《虚拟现实与行业应用融合发展行动计划（2022—2026年）》。该计划的核心目标是推动虚拟现实技术在社会经济关键领域实现广泛应用。

2. 北京市首发数字人产业创新发展行动计划

北京市经济和信息化局 2022 年 8 月发布《北京市促进数字人产业创新发展行动计划（2022—2025 年）》（以下简称《计划》），这标志着国内首个专门针对数字人产业的支持政策正式出台。《计划》不仅强调了数字人在互联网 3.0 时代的创新应用和产业机遇，还明确了依托国家文化专网，将数字人纳入文化数据服务平台的重要措施。根据《计划》，北京市将充分发挥其作为国际科技创新中心的建设优势，积极打造数字人产业创新高地。为了实现这一目标，《计划》制定了一系列具体的发展目标。其中包括，在 2025 年之前，培育出 1~2 家营收超过 50 亿元的头部数字人企业，以及 10 家营收超过 10 亿元的重点数字人企业。同时，《计划》还提出要建成 10 家校企共建实验室和企业技术创新中心，打造 5 家以上共性技术平台，培育 20 个数字人应用标杆项目，并建成 2 家以上特色数字人园区和基地。

9.3.3 数字人产业链主要构成

数字人产业链是一个多层次、多维度的生态系统，涵盖从基础技术到应用实践的各个方面。这个产业链主要包括基础层、平台层、价值层和交互层 4 个核心组成部分。

- 基础层是数字人产业链的基石，主要包括硬件设备、软件开发和数据支持等。这些基础元素为数字人提供必要的技术支持和运行环境。
- 平台层主要指提供数字人创建、管理和运营服务的平台，这些平台为数字人的开发和部署提供工具和框架。
- 价值层关注的是数字人如何为用户和企业创造价值，包括内容、服务和商业模式等。
- 交互层是数字人与用户直接互动的界面，涉及用户体验和交互设计。

AI 赋能数字人行业，体现出巨大的商业价值，为市场带来了广阔的发展空间。艾媒咨询数据显示，2022 年我国数字人核心市场规模达到 120.8 亿元，同比增长 94.2%。预计到 2025 年，我国数字人行业核心市场规模将达到 480.6 亿元。

9.3.4 AI 引领数字人多模态交互新纪元

随着人工智能技术的飞速发展，AI 在推动数字人多模态交互能力提升方面发挥着越来越重要的作用。

目前，数字人接入大模型主要以文本交互为主，其本质是通过自动语音识别（Automatic Speech Recognition，ASR）、自然语言处理、文本 - 语音转换（Text to Speech，TTS）等 AI 技术进行转化，以实现数字人在感知、决策、表达等层面的交互。虽然自然语言大模型与数字人的融合仍需进一步完善，但随着技术的不断发展，这种融合将会越来越成熟。这将为数字人产业带来更多的创新和更大的发展空间。在数字人动作合成的应用方面，AI 技术也发挥着重要作用。目前，计算机视觉数字人声唇同步技术相对完善，已经在游戏中大量应用。随着技术的不断发展，AI 将能够更智能地合成数字人的动作和表情，从而实现更加真实、自然的交互体验。AI 大模型的多模态生成能力对数字人的发展具有巨大的推动潜力。这种能力可以使数字人的"思想"更加接近人类，从而实现更加自然、智能的交互。

在未来发展中，AI 大模型的多模态生成能力将为数字人产业带来前所未有的发展机遇。通过在输入端实现多模态感知输入，AI 技术将能够更全面地理解人类的情感和意图，从而更好地满足人类的需求。例如，通过分析人类的语音、面部表情和动作等信息，AI 可以更加准确地判断人类的情绪和意图，从而为人类提供更加个性化的服务。通过在输出端提升多模态交互能力，AI 技术将能够实现更加自然、逼真的交互体验，让人们感受到更加真实的数字人形象。例如，通过语音合成技术、动作合成技术和面部表情合成技术等，AI 可以创造出更加真实、自然的数字人形象，让人们感受到更加接近人类的交互体验。

9.3.5　AI 虚拟直播引领电商降本增效

近年来，直播行业得到飞速发展，形成了稳健的商业模式，并吸引了庞大的用户群体。相关数据显示，截至 2022 年年底，我国的直播用户数量已经达到 7.5 亿。这使得直播成为企业营销和销售的重要通道。然而，随着消费者注意力资源的日益分散，他们在单一内容上的停留时间持续缩短，现已减少至 30~40s。在这种背景下，数字人直播应运而生，凭借其能够长时间、不间断进行内容输出，有效帮助商家吸引并保持流量。

数字人直播的优势在于它不受直播间场域的约束，也不受主播的语言、能力和精力限制。这些优势使得数字人直播能够灵活应用于国内外各种平台、地域和品类的直播活动中，从而助力品牌和产品实现更广泛的传播。此外，数字人多直播间运营策略有助于品牌充分发挥其流量价值。品牌在经过宣传推广后，往往已经积累了一定的知名度和流量。通过多直播间运营，线下品牌可以增加用户触点，同时建立差异化的产品销售渠道。

案例：智能购物的革命性体验

AI 与零售的结合正在推动数智化零售新时代的到来。在这个新时代，AI 技术将更加深入地应用于零售业，为消费者提供更好的购物体验，为零售商提供更高效和智能的运营方式。京东零售作为电商领域的领先者，其技术体系的中台化战略为 AI 技术的应用提供了更好的支撑。京东零售 AI 体系的建设注重应用化、大模型化、算力需求指数化等趋势,聚焦零售算法的场景体验、效率、成本问题,构建体系化、中台化的算法中台,以支持业务数智化升级。

端智能技术是京东零售聚焦的核心技术方向之一。这种技术可以将 AI 算法应用于终端设备,实现智能化处理和交互,从而提升用户体验和效率。通过端智能技术,电商平台可以为用户提供更加个性化的推荐服务,例如,根据用户的浏览历史、购买记录等信息,推荐适合用户的商品,提高用户购物的满意度和对企业的忠诚度。

CTR(Click Through Rate,点击率)大模型是一种重要的 AI 技术,用于预测广告点击率和转化率。通过深度学习和海量数据训练,CTR 大模型可以优化广告投放和营销策略,提升转化率和变现效果。例如,电商平台上通常会有大量的广告投放,CTR 大模型可以帮助商家选择合适的广告位和投放时间,提高广告点击率和转化率,从而降低营销成本和提高收益。

异构的算法算力智能调度系统则可以根据不同算法和数据的特点,智能分配计算资源,提高计算效率和精度。可以将这种技术用于各种不同的场景,如商品推荐、价格预测、库存管理等。通过智能调度算法算力资源,可以避免计算资源的浪费和提高算法效率,进一步优化零售业务的运营效率。

通过 AI 技术的应用,搜索推荐系统可以更好地理解用户意图和需求,提供更加精准和个性化的推荐结果。京东零售致力于用户意图识别、复杂意图推荐、意图引导交互等环节,打造面向用户意图的高效搜索推荐系统。其中用户意图识别环节的跨模态理解、感知能力提升,复杂意图推荐环节的人性化推荐、推荐理由生成,意图引导交互环节的人格化导购、创意组合优化等应用的突破,都将有机会带来革命性创新。在用户意图识别环节中,跨模态理解技术的应用可以使得搜索推荐系统更好地理解用户的意图和需求,例如,用户在搜索框中输入商品名称时,搜索推荐系统可以通过跨模态理解技术识别用户的搜索意图是购买商品,同时,还可以根据用户的浏览历史、购买记录等,以及商品的特征信息等跨模态数据来提高推荐的精准度和个性化程度,进而提升用户体验和忠诚度。

第 10 章

AI 大模型与交通运输：智能交通的新理念

随着人工智能技术的飞速发展，AI 大模型在各个行业中的应用越来越广泛。在交通业中，AI 大模型的应用也将成为未来发展的重要趋势。本章将探讨 AI 大模型在智能交通领域的应用及未来展望。

10.1

交通运输业发展现状

　　交通运输业涵盖运用各类运输工具，实现货物或旅客的空间位置转移的业务活动，包括陆路、水路、航空和管道运输服务等。在这一领域，产业、区域及城乡之间的联系得以强化。作为国民经济的基础性、先导性和战略性产业，以及重要的服务性行业，交通运输业在历史性的成就和变革中，为经济社会发展及人民生活品质的提升提供了坚实保障。我国在部分交通运输领域的现代化水平已迈入世界先进行列，正积极朝着建设交通强国的目标迈进。

10.2

智能交通发展迅猛

10.2.1　智能交通的内涵

　　智能交通通过运用物联网、云计算、互联网、人工智能、自动控制、移动互联网等技术，对交通管理、交通运输、公众出行等领域进行全方位的覆盖，并对交通建设管理全过程进行管控支撑。它使交通系统具备感知、互联、分析、预测、控制等能力，从而在国家、城市甚至更大的时空范围内保障交通安全、发挥交通基础设施效能、提升交通系统运行效率和管理水平，为公众顺畅出行和交通系统可持续发展提供支持。

　　智能交通系统（Intelligent Transportation System，ITS）起源于 20 世纪六七十年代的交通管理计算机。这个时期的技术进步，特别是在信息技术、通信技术和传感器技术方面的发展，为智能交通系统的诞生奠定了基础。从 20 世纪 80 年代到 90 年代中期，部分欧洲国家和日本竞相发展智能交通系统。如今，人们日益认识到智能交通系统的潜在价值，它已经发展成为一个综合系统。2008 年，IBM 公司提出的"智慧地球"概念中涉及"智慧交通"，在 2010 年提出的"智慧城市"愿景中，"智能交通"被认为是智慧城市的核心系统之一。

越来越多的数据表明，仅通过增加道路基础设施并不能有效解决交通拥堵问题，而智能交通不仅可以缓解交通拥堵，还能提高道路利用率以及城市交通体系的运行效率，有利于建立人、车、路协调的综合交通运输体系。

智能交通系统将人、车、路三者综合起来考虑。在系统中，运用了信息技术、数据通信传输技术、电子传感技术、卫星导航与定位技术、电子控制技术、计算机处理技术及交通工程技术等，并将系列技术有效地集成、应用于整个交通运输体系中，从而使人、车、路密切配合，达到和谐统一，发挥协同效应，极大地提高了交通运输效率，保障了交通安全，改善了交通运输环境，提高了能源利用率。

10.2.2 美、日及欧洲国家智能交通发展情况

在全球范围内，美国、日本及欧洲国家在智能交通系统的开发和应用方面位居前列。观察这些国家的发展情况，我们可以发现智能交通系统已不再局限于解决交通拥堵、交通事故和交通污染等问题。对智能交通的发展，发达国家也给予了高度重视。

美国大力推进以高速公路为载体的车联网和自动驾驶应用，积极推动包括恶劣天气条件下的车道通行以及卡车自动驾驶编队等多种类型的试点项目，从而丰富高速公路智能化升级的应用场景。美国政府高度重视智能交通系统的发展，通过政策扶持、资金投入和合作研发等方式，加快技术创新和产业布局。此外，美国还鼓励企业、高校和科研机构开展跨界合作，共同推动智能交通领域的突破。

欧洲致力于发展主动交通管理，构建数字交通走廊，推出自适应、自动化等举措，强化不同路段车速趋同、分车道动态限速、基于交通状态的动态绕行等主动交通管理应用。欧洲各国政府通过制定统一的技术标准、政策和法规，推动智能交通系统在欧洲范围内的普及。同时，欧洲还积极寻求与亚洲、美洲等其他地区的合作，以期在全球范围内共享智能交通技术成果。

日本以 ETC 2.0 为载体，提升高速公路车路协同服务功能，部署超过 1600 套双向通信车路协同设备（ITSspot），提供自由流收费、动态费率、伴随式信息等智慧化服务。日本政府通过实施一系列智能交通发展战略，加大对关键技术研发的支持力度，推动国内智能交通产业的快速发展。此外，日本还与亚洲周边国家开展

技术交流和合作，共同推动智能交通技术的创新与进步。

历经 30 余年的发展，智能交通系统已取得显著成果。美国、日本等发达国家基本完成了智能交通系统框架的构建，并在重点发展领域实现了大规模应用。科技进步极大地推动了交通事业的发展，而智能交通系统的提出和实施则为高新技术产业发展提供了广阔的空间。智能交通业在全球范围内受到各国政府的高度关注，近年来发展迅速。2022 年，全球智能交通市场规模达到 4489.6 亿美元，同比增长11.89%，2015—2022 年的复合增长率为 10.45%。

10.2.3　我国智能交通发展情况

近年来，我国交通智能化水平持续提升，互联网与交通融合的步伐也在加快，智能交通已经成为我国智慧城市建设需要发展的重要领域。在城市交通智能管理方面，我国已经成功研发出融多种功能为一体的智能交通系统，包括交通信息采集与处理、交通信号控制、交通指挥与调度、交通信息服务以及应急管理等系统，并已将这些系统广泛应用于实际场景中。智能交通系统的应用不仅提升了交通管理的效率，还为市民提供了更加便捷、安全的出行体验。随着科技的不断进步和智慧城市建设的加速推进，我国智能交通市场将继续保持强劲的增长势头，为城市发展注入新的活力。

交通的综合化、智慧化、安全和低碳化成为未来城市交通的发展重点，而基于信息化大力发展智能交通，构建一个"综合、高效、绿色、安全"的交通体系成为当前城市交通发展的必然选择。

随着大数据技术研究和应用的深入，智能交通将在交通运行管理优化、面向车辆和出行者的智慧化服务等方面为公众提供更加便捷、高效、绿色、安全的出行环境，创造更美好的生活。根据《数字交通"十四五"发展规划》《交通运输领域新型基础设施建设行动方案（2021—2025 年）》《国家综合立体交通网规划纲要》《关于推动交通运输领域新型基础设施建设的指导意见》等相关政策的要求，到 2025 年，"一脑、五网、两体系"的发展格局基本建成，交通新基建取得重要进展，行业数字化、网络化、智能化水平显著提升，有力支撑交通运输行业高质量发展和交通强国建设。这些政策旨在推动交通运输领域的数字化转型和智能化升级，以适应新时代的发展需求。通过建设智能交通系统，可以提高交通运输效率，减少拥堵和排放，提升出行体验，为公众创造更加便捷、高效、绿色、安全的出行环境。

10.2.4　智能交通的主要构成

1. 道路交通监控

道路交通监控中心通过使用高科技手段，减少了交警巡逻的工作量，降低了管理成本。在异常情况下，监控中心可以迅速响应，接警后第一时间调取现场事件图像。这些实时图像为应急处置提供了宝贵的信息，使相关部门能够迅速做出决策，为事故处理和救援工作提供充分的支持。此外，监控中心还可以对交通事故进行数据分析，总结事故发生的规律和原因，为交通管理部门提供针对性的改进措施。通过对交通数据的挖掘和分析，有助于预防交通事故的发生，提高道路通行能力，保障人民群众的生命财产安全。

2. 电子警察、卡口

电子警察的设置主要针对交叉口和重要路段，设置的目的是规范交通安全驾驶秩序。电子警察通过高科技手段，如高清摄像头、雷达等，对车辆进行实时监控，对违法行为进行及时捕捉和处理。这不仅有助于维护交通秩序，还能对驾驶员形成一种无形的约束，促使他们遵守交通规则，从而降低交通事故的发生率。卡口的作用则更多地体现在路线和片区的安全管理上。卡口一般设置在城市的进出口或重要路段，通过对车辆进行识别、记录和分析，可以实时掌握道路交通状况，为交通管理部门提供数据支持。

3. 交通信号控制

在智能交通系统的背景下，交通信号控制技术得到进一步发展和提升。通过采用智能化的交通信号控制技术，如自适应控制、实时监测等，交通信号灯能够更好地适应交通流量的变化，提高道路的通行效率。同时，交通信号灯控制也与传感器、通信技术等相结合，实现了对交通状况的实时监测和预警，可以为交通管理部门提供更加全面和准确的数据支持。

4. 交通信息采集

交通系统采集实时的路网数据，并将其处理成状态信息，用于提供车载导航路况信息及选择路线。在偶发性拥堵下，这种信息提供有助于驾驶员选择新的路线，避开拥堵，但是，在常发性拥堵以及多选择路线同时拥堵的情况下，这些信息的效果不显著。总体上，交通信息采集和诱导的作用主要体现在为出行者提供交通参考，辅助交通路线的选择；为管理者积累城市交通数据，为规划、管理提供决策支持。

5. 停车诱导

通过实时监测停车场的使用情况，智能诱导系统可以为驾驶员提供最佳的停车建议，帮助他们快速找到合适的停车位。这种智能诱导系统的应用，不仅提高了驾驶员的停车效率，还缓解了他们在寻找停车位过程中的焦虑和压力。同时，通过避免车辆在寻找停车位时的无效行驶，智能诱导系统还有助于降低碳排放。例如，当顾客在购物中心停车场中忘记停车地点时，他可以通过购物中心的智能诱导系统快速找到爱车。这种智能化的管理系统不仅可以提供智能服务，而且可以避免顾客在停车场中迷路或浪费时间。

6. 综合交通信息平台

综合交通信息平台是一个城市信息系统的关键组成部分，主要负责整合、处理和应用各类交通信息。这个平台通过收集、整理和解析来自各种交通工具和基础设施的数据，为城市管理者和居民提供全面、准确的交通信息。这些信息不仅有助于提高交通效率，减少交通拥堵，还能为城市规划和发展提供重要的决策依据。在城市管理中，综合交通信息平台发挥着"智囊团"的作用，通过数据分析和可视化展示，可以帮助管理者更好地了解和解决交通问题，推动城市的可持续发展。

7. 智慧公共交通

公共交通的智慧化是我国交通事业发展的重要方向之一。它通过运用先进的技术和理念，对公共交通系统进行优化和升级，以提高服务质量、提升运营效率，并为乘客提供更加便捷、舒适的出行体验。公交车 GPS 是智慧公共交通的重要组成部分。通过实时掌握公交车的位置信息，乘客可以准确了解车辆当前的运行状态和预计到达时间，从而合理安排出行计划。此外，公交优化调度系统可以根据实时的车辆位置和客流情况，自动调整公交车的班次和运力分配方案，确保公交资源的合理利用。随着科技的不断进步，相信我国的智慧公共交通体系将不断完善，为广大市民带来更多便利。

8. 电子不停车收费

电子不停车收费（Electronic Toll Collection，ETC）系统在我国高速公路领域的作用越发重要。ETC 系统在提升高速公路通行能力、改善收费口拥堵以及节能减排等方面具有显著效益。随着我国高速公路里程的不断延长，ETC 系统的应用将发挥越来越重要的作用。在未来，我国应继续加大对 ETC 技术的研发和推广力度，使其在提高交通效率、缓解拥堵、保护环境等方面发挥更大的作用，助力我国交通事业的可持续发展。

10.3
AI 大模型在智能交通中的应用

10.3.1　智能交通管理系统

1. 数据收集与处理

为了实现更高效、更安全的交通管理，数据收集与处理成为 AI 大模型在交通信号优化过程中的基础工作。以下是关于数据收集、预处理、存储和访问等方面的详细阐述。

数据收集是 AI 大模型在交通信号优化过程中的第一项工作。为了获得准确、全面的道路交通信息，我们需要在道路上安装传感器和摄像头等设备。这些设备相当于 AI 大模型的"眼睛"和"耳朵"，可以实时监测道路状况、车辆流量、行人流量等信息；此外，还可以通过无线通信技术收集车载终端设备的数据，如车辆速度、位置等。AI 大模型的第二项工作是将收集到的原始数据进行预处理。预处理过程包括数据清洗、格式转换和异常值处理等。数据清洗是为了去除无效数据和重复数据，确保数据的准确性和完整性；格式转换是将不同来源的数据的格式统一，以便后续对数据进行分析；异常值处理是为了识别并剔除异常数据，如传感器故障导致的错误数据等。这些预处理工作旨在确保数据的质量和一致性，为 AI 大模型提供准确的输入。在数据预处理完成后，AI 大模型的第三项工作是建立数据存储和访问机制。数据存储是将处理后的数据保存在数据中心，以便后续的数据分析和处理。常用的数据存储方式包括关系数据库、分布式文件系统和云存储等。数据访问则是为了方便各级部门和研究人员获取数据，开展交通信号优化研究。可通过 API、数据报表等形式提供数据访问服务，同时需确保数据的安全性和隐私保护。

可以将经过收集、预处理、存储的数据用于 AI 大模型以进行交通信号优化。AI 大模型通过学习海量交通数据，挖掘出交通规律，为交通信号控制提供智能决策支持。例如，根据历史数据预测未来一段时间内的交通流量，动态调整信号灯的绿灯时长，从而实现缓解拥堵、提高道路通行效率等目标。

2. 交通流量预测

首先，AI 大模型能够利用大数据分析技术来处理历史交通数据。这些数据包括交通摄像头拍摄的视频、GPS 数据、车辆传感器数据等。通过对这些数据的分析，AI 大模型可以提取出交通流量、车速、交通拥堵程度等关键信息。其次，AI 大模型可以利用机器学习算法对这些数据进行分析和学习，从而创建出预测模型。这些预测模型可以根据过去的交通模式和趋势来预测未来的交通流量。例如，AI 大模型可以根据过去的交通数据来预测未来某个时间段内某个路段的交通流量，从而为城市管理者提供决策依据。最后，AI 大模型能够实时监测交通流量。通过无人机、传感器和摄像头等设备，AI 大模型可以实时监测道路上的交通流量、车速、交通拥堵程度等信息，这有助于城市管理者和驾驶者更好地应对交通拥堵和意外事件。例如，当某个路段发生交通事故时，AI 大模型可以及时发现并通知相关部门，从而尽快处理交通事故并使交通恢复畅通。

3. 交通信号优化算法

AI 大模型可以设计出更加智能和高效的交通信号优化算法，从而提高道路通行效率，减少交通拥堵，改善大众的出行体验。

AI 大模型可以利用强化学习算法[①]对交通信号进行实时调整。通过与环境的交互，强化学习算法可以学习在不同交通状况下最优的信号配时方案，从而提高道路通行效率。与传统的静态配时方案相比，这种动态调整方法可以更好地适应不断变化的交通状况。因为交通状况是实时变化的，而静态配时方案往往是基于历史数据或固定规则制定的，无法实时适应交通状况的变化；而动态调整方法可以根据当前的交通状况和预测的未来交通流量，实时调整交通信号的配时方案，从而更好地适应不断变化的交通状况。

除了强化学习算法以外，AI 大模型还可以结合其他优化算法，如遗传算法、粒子群算法等，进一步提高交通信号优化的效果。这些优化算法可以通过搜索和迭代的方式来搜索最优的信号配时方案。例如，遗传算法可以通过模拟生物进化过程来搜索最优解，粒子群算法可以通过模拟鸟群或鱼群的行为来搜索最优解。通过结合这些优化算法，AI 大模型可以更快地找到最优的信号配时方案，提高道路通行效率。同时，AI 大模型还可以利用机器学习算法对历史交通数据进行学习和预测，从而

---

① 强化学习算法是一种通过与环境交互来学习最优策略的方法。

为未来的交通流量预测提供支持。

在未来，AI 大模型在智能交通信号优化中的应用将会更加广泛和深入。例如，自动驾驶将会逐渐取代传统驾驶方式成为未来交通的主流形式。自动驾驶需要具备高度智能化的感知和决策能力，而 AI 大模型正是实现这一目标的关键技术之一。通过深度学习和神经网络技术，自动驾驶汽车可以识别道路上的障碍物（如车辆、行人等），并做出相应的驾驶决策，如加速、减速、转向等。这将大大提高道路安全性和交通效率。

10.3.2　路径规划和导航

路径规划和导航已经成为人们日常生活中不可或缺的一部分。传统的路径规划和导航方法往往基于固定的地图和路线，难以适应不断变化的交通状况和用户需求。而 AI 大模型的出现，为路径规划和导航领域带来了深刻的变革。

1. AI 大模型在路径规划中的应用

AI 大模型在路径规划中的应用如下。

● 最短路径规划。AI 大模型通过学习大量的路线数据，可以快速找到两点之间的最短路径。这得益于深度学习算法的强大计算能力和大数据分析技术的广泛应用。最短路径规划不仅考虑了距离因素，还考虑了时间、交通状况、道路状况等多种因素，可以为用户提供更加全面和准确的路线建议。

● 实时路况规划。AI 大模型可以实时分析路况信息，根据路况数据动态规划最佳路线。通过采集道路拥堵、事故等多源信息，AI 大模型可以及时判断路况，为驾驶员提供最佳的行驶路线建议。这种实时路况规划功能可以帮助驾驶员避开拥堵路段，节省时间和成本，提高行驶效率。

● 动态路径规划。在复杂的行车环境（如城市道路、高速公路等）下，AI 大模型可以实现动态路径规划。根据实时环境信息，AI 大模型可以快速生成安全、高效的行驶路径。这种动态路径规划功能在自动驾驶等领域具有广泛的应用前景。通过实时感知周围环境信息，自动驾驶车辆可以根据交通状况、道路状况等因素动态调整行驶路线，确保行驶安全和行驶效率。

2. AI 大模型在导航中的应用

AI 大模型在导航中的应用如下。

● 语音导航。AI 大模型可以实现语音识别和语音合成技术，为驾驶员提供实时的语音导航服务。通过识别驾驶员的语音指令，AI 大模型可以自动规划最佳路线，并引导驾驶员按照规划路线行驶。同时，AI 大模型还可以将导航信息以语音形式传达给驾驶员，确保驾驶安全。这种语音导航功能可以避免驾驶员分散驾驶注意力，提高驾驶安全性。

- 3D 地图导航。AI 大模型可以实现 3D 地图的生成和渲染，为驾驶员提供更为直观的导航体验。通过采集高精地图数据，AI 大模型可以生成逼真的 3D 地图，为驾驶员提供精准的定位和导航服务。同时，AI 大模型还可以根据实时路况信息，动态更新 3D 地图上显示的交通状况信息，为驾驶员提供实时的路况预警和提示。这种 3D 地图导航功能可以帮助驾驶员更加直观地了解道路状况和交通情况，提高行驶安全性。

- 协同导航。AI 大模型可以实现协同导航功能，为多个用户提供实时的交通信息共享和协同行驶体验。通过分析多个用户的行驶轨迹和路况信息，AI 大模型可以生成协同路线建议，实现多个用户之间的协同行驶和交通疏导。这种协同导航功能在共享出行、智能交通等领域具有广泛的应用前景。通过协同导航功能，多个用户可以共享交通信息、协同规划行驶路线、避免交通拥堵等，提高整体交通效率和安全性。

案例：AI 大模型让导航更智能

在大模型领域中，自然语言处理依旧为当前大模型研发的焦点。百度地图虽然早已搭载语音交互功能，但传统语音交互更偏重规则化、指令式操作，需要用户提交类似"我要导航至×××""今日天气如何"等简短指令。

基于文心大模型，百度地图 V19 推出全新的"AI 向导"，对地图交互功能进行重塑。该"AI 向导"具备多轮自然语言交互能力，用户体验更接近真实交流。在需求难以一次性表述清晰时，用户可追问；百度地图"AI 向导"也能主动询问，探询并满足用户的真实意图。

以日常聚会场景为例，过去组织者寻找合适的聚会地点时，需综合考虑众人住址、筛选符合聚会需求的地点，费时费力。如今，组织者仅需向百度地图陈述需求，如"寻找 A、B、C、D 这 4 个地点之间，车程均在 1 小时左右且适合遛娃的地点"，"最优解"即可呈现。用户还可进一步追问，提出"停车方便、具备娱乐设施"等需求。

随着千余产品能力逐步升级，未来用户可在百度地图 AI 智能体下，调用更多大模型的功能，实现行程提醒、服务预订、城市导游等贴心服务。相较于普通地图，高精地图提供更高精度、更丰富的内容，提升自动驾驶安全体验。当前

L2+ 及以上自动驾驶方案普遍依赖高精地图。然而，高精地图在成本、覆盖度等方面存在局限。

大模型应用有望解决上述问题。在数据更新方面，自动驾驶运营后期需大量交通数据及时更新，百度地图借助大模型已实现相应的更新速度。大模型应用将加速城市车道级导航全国覆盖。基于文心交通大模型与自研"北斗高精"技术，百度地图推出车道级导航3.0。文心交通大模型可高效分析海量交通数据及驾驶行为数据，实时感知道路突发事件等产生的多源异构数据，深度学习并计算复杂路网与全局车道信息，加速各城市普通路车道级覆盖。

10.3.3　智能车辆技术

自动驾驶汽车，也称无人驾驶车、自主导航车或轮式移动机器人，是室外移动机器人在交通领域的应用的重要体现。这种技术集成了多种先进的技术，如传感器技术、信号处理技术、通信技术和计算机技术等，通过集成视觉、激光雷达、超声波传感器、微波雷达、GPS、里程计、磁罗盘等多种车载传感器，来辨识汽车所处的环境和状态。无人驾驶系统是一个融场景感知、规划决策和多等级辅助驾驶等功能为一体的综合系统。它不仅是考虑了车路合一、协调规划的系统，也是智能交通系统的重要组成部分。这个系统能够根据所获得的道路信息、交通信号信息、车辆位置和障碍物信息做出分析和判断，向主控计算机发出期望控制，控制车辆转向和速度，从而实现依据自身意图和环境进行拟人驾驶。

1. 自动驾驶感知技术融合

自动驾驶感知模块通常配备多个传感器（甚至多种传感器）以实现安全冗余和信息互补的作用。这些传感器包括激光雷达、摄像头、超声波传感器等，它们可以获取周围环境的信息，为自动驾驶车辆提供基础的感知数据。然而，不同传感器传递的信息存在相互冲突的可能性。例如，一个传感器可能识别到前方有行人，要求汽车立即停止行驶，而另一个传感器则显示可以继续安全行驶。在这种情况下，如果不对传感器信息进行融合，汽车就会"感到迷茫"，进而导致意外的发生。因此，在使用多种（个）传感器采集信息时，必须进行信息交互、融合。信息融合是一种多源信息处理技术，它可以将来自不同传感器的数据进行整合、分析和处理，以获得更加准确、全面的感知结果。在自动驾驶领域，信息融合技术是实现安全冗余和信息互补的关键手段之一。

目前，常用的信息融合方法包括基于规则的融合方法、基于统计的融合方法和基于人工智能的融合方法等。其中，基于人工智能的融合方法是最常用的方法之一。该融合方法利用神经网络、深度学习等人工智能技术对传感器数据进行处理和分析，以提取出有用的特征和信息。

在自动驾驶领域，常用的信息融合算法包括卡尔曼滤波、粒子滤波、贝叶斯滤波等。这些算法可以对传感器数据进行滤波、平滑和优化处理，以消除噪声和干扰，提高感知结果的准确性和稳定性。同时，这些算法还可以对不同传感器的数据进行融合和优化处理，以得出更加全面和准确的感知结果。

在自动驾驶系统中，感知算法的性能直接决定了整个系统的感知能力。如果感知算法存在缺陷或不足，会导致自动驾驶车辆无法正确感知周围环境，从而产生安全隐患。因此，对于感知算法的研究和优化是自动驾驶领域的重要研究方向之一。

目前，深度学习是自动驾驶领域最常用的算法之一。基于深度学习的感知算法可以处理复杂的非线性问题，并且具有强大的特征提取能力。然而，深度学习模型往往需要大量的数据来进行训练，而且训练过程需要消耗大量的计算资源。在深度学习模型中，神经网络模型的发展对于自动驾驶感知算法性能的提升具有重大影响。自20世纪70年代以来，学术界和科研机构便致力于自动驾驶技术的探索。在初期，自动驾驶感知算法主要依赖传统的计算机视觉技术。然而，随着深度学习技术的兴起，特别是神经网络的应用越来越广泛，自动驾驶汽车的感知能力得到了显著提升。应用于感知层面的神经网络模型主要分为两类。一类是以卷积神经网络和循环神经网络为代表的小型模型。这些小型模型在处理图像和序列数据方面表现出色，因此在自动驾驶感知中得到了广泛应用。另一类是 Transformer 大型模型，它通过自注意力机制和多层感知机，能够更好地捕捉长距离依赖关系和全局上下文信息，进一步提升了感知算法的性能。神经网络是一种深度学习方法，它模仿生物神经元的结构和功能。感知机是神经网络的基本单元，类似于生物神经元，它通过加权平均运算对输入信号进行处理。当运算结果超过某一阈值时，感知机将向后传递信号；否则，感知机将抑制信号传递。这种机制使得神经网络能够有效地处理复杂的感知任务，为自动驾驶技术的发展提供了强有力的支持。

2. 无人驾驶发展前景广阔

无人驾驶汽车的出现，不仅提高了交通效率，减少了交通拥堵和交通事故的发生，也为人们提供了更加安全、高效和便捷的出行体验。随着相关技术的不断发展和完善，无人驾驶汽车将在未来交通领域中发挥更加重要的作用。

我国无人驾驶行业虽然起步较晚，但发展迅速。近年来，随着政府对科技创新的大力支持，无人驾驶技术研发和应用得到极大推动。目前，我国无人驾驶行业中的主要企业包括百度公司、华为公司、腾讯公司等。

无人驾驶市场的重要参与者包括汽车制造商、科技公司和政府部门，无人驾驶市场形成了竞争激烈的格局。无人驾驶技术的飞速发展带动了无人驾驶市场规模的迅猛增长。

我国无人驾驶行业的企业在人工智能、传感器、高精地图等领域取得了重要进展。其中，百度公司在人工智能技术方面具有较强的研发能力，华为公司在传感器技术方面具有较高的技术水平，腾讯公司在高精地图方面有着较为丰富的研发经验。这些企业在技术上的不断突破将为无人驾驶技术的发展提供强有力的支持。

目前，我国无人驾驶技术的应用场景主要包括高速公路自动驾驶、公共交通自动驾驶、物流运输自动驾驶、共享出行自动驾驶等。随着技术的不断进步和应用场景的不断扩展，无人驾驶技术的应用领域将进一步扩大。未来，无人驾驶技术将为人们的生活带来更多便利和安全保障。

随着自动驾驶技术的不断进步，向更高等级的自动驾驶迈进已经成为趋势，城市领航辅助驾驶的落地也终将成为现实。目前，大多数主机厂商已经实现了 L2自动驾驶，可以在单一功能下实现车辆的横向和纵向控制，如 TJA（Traffic Jam Assistant，交通拥堵辅助）系统、HWA（Highway Assistant，高速公路辅助）系统、APA（Auto Parking Assistant，自动泊车辅助）系统等。

未来，随着自动驾驶技术的不断发展和完善，我们可以期待更高层次的自动驾驶技术将逐渐应用于日常交通中。这不仅将提高交通效率和安全性，而且将改变我们对汽车的认知和使用方式。

10.4

AI 大模型赋能智能交通的未来展望

随着人工智能技术的不断发展，AI 大模型在智能交通领域的应用将不断拓展和深化。未来，AI 大模型将与物联网、云计算、5G 等新技术相结合，为智能交通的发展带来更加广阔的空间和更多的可能性。

10.4.1   AI 大模型与物联网技术的应用

AI 大模型与物联网技术的联合应用将为智能交通的发展带来革命性的变革。这两种技术的联合应用将为智能交通系统提供更加全面、高效、精准的管理和服务，推动智能交通系统的不断完善和发展。

物联网技术是智能交通系统的基础支撑。在智能交通系统中，可以将物联网技术用于车辆、道路、信号灯等设备，实现设备的智能化管理和控制。例如，通过物联网技术，可以实时监测车辆的位置、速度、行驶轨迹等信息，为交通管理部门提供更加全面、准确的数据支持。通过物联网技术可以实现交通设备的互联互通，为 AI 大模型提供更加全面、准确的数据支持。

AI 大模型与物联网技术的应用将带来如下优势。

● 提高数据处理效率。通过物联网技术实现设备的互联互通和数据采集，可以实现数据的实时传输和处理。

● 提高决策准确性。AI 大模型可以对海量数据进行处理和分析，并从中提取出有价值的信息。通过对这些信息进行挖掘和分析，可以发现交通流量趋势、路况变化规律等有价值的信息。

● 提高设备运行效率。通过物联网技术实现设备的智能化管理和控制，可以提高设备的运行效率和稳定性。

● 推动智能交通系统的升级和发展。随着技术的发展和进步，智能交通系统需要不断进行升级和发展以适应新的需求和挑战。而 AI 大模型与物联网技术的联合应用可以为智能交通系统的升级和发展提供强大的技术支持。通过对系统的性能进行分析和优化，可以进一步提高系统的运行效率和稳定性。同时，利用物联网技术的扩展性可以实现系统的平滑升级和扩展，从而满足未来发展的需要。

10.4.2   5G+ 智能交通

5G 技术的运用将为智能交通的进步提供更为高速、高效的网络连接和数据处理能力。在我国，随着 5G 技术的逐步推广和应用，我们可以预见，智能交通系统将在未来的交通领域中扮演举足轻重的角色。5G 技术凭借其高速、低延迟和大连接等特性，为实现车辆与车辆、车辆与路侧设备之间的实时信息交互和协同操作创造了条件。

首先，在车辆与车辆的实时信息交互方面，5G 技术能够实现车辆之间的高效通信。借助 5G 网络，车辆可以实时接收并处理其他车辆发送的信息，如行驶速度、行驶方向等。基于此，驾驶员能及时了解周围车辆的状态，提前做出驾驶决策，避免交通事故的发生。同时，5G 技术还能支持车辆与路侧设备之间的信息交互。路侧设备可以根据实时路况为车辆提供最优路径规划，以减少拥堵，提高交通效率。

其次，在车辆与路侧设备的协同操作方面，5G 技术具备优势。借助 5G 网络，路侧设备可以实时获取车辆的位置、速度等信息，并根据这些信息对交通信号进行优化与调整。此外，5G 技术还可支持智能车载系统与路侧设备的协同，实现车路协同自动驾驶。这将有助于提高道路通行能力，降低交通事故发生率。

最后，5G 技术在智能交通领域还有其他应用场景。例如，5G 网络可以支持大规模无人驾驶车辆的实时调度和管理，使得无人驾驶车辆在复杂的道路环境下安全、高效地运行。同时，5G 技术还可以为智能交通提供高速、稳定的数据传输服务，支持智能交通大数据分析，为交通管理决策提供有力支持。

综上所述，5G 技术的应用将为智能交通领域带来前所未有的发展机遇。通过实现车辆与车辆、车辆与路侧设备之间的实时信息交互和协同操作，5G 技术将有力推动智能交通系统的发展，提高行车安全性和交通效率，为我国交通事业注入新的活力。在未来，我们期待 5G 技术在智能交通领域发挥更大的作用，为人们带来更加便捷、安全的出行体验。

10.4.3 云端智能交通

AI 大模型与云计算技术的联合应用将为智能交通的发展带来更加高效、灵活的数据处理和存储能力。这种联合应用将充分发挥 AI 大模型的强大计算能力和云计算技术的数据处理优势，为智能交通系统提供更加全面、高效、精准的管理和服务。

首先，AI 大模型和云计算技术可以共同处理海量交通数据。智能交通系统在运行过程中会产生大量的数据，包括车辆行驶轨迹、交通流量、路况信息等。这些数据对于智能交通系统的运行和管理至关重要，但同时也带来了数据处理方面的挑战。AI 大模型和云计算技术的联合应用可以有效地应对这个挑战。AI 大模型可以实现对这些数据的自动化处理和分析，而云计算技术则提供了强大的计算能力和足够的存储空间，使得大规模的数据处理成为可能。

其次，AI 大模型和云计算技术可以共同实现交通数据的集中管理和处理。传统的交通数据管理方式往往存在数据分散、难以共享的问题。而 AI 大模型和云计算技术的联合应用可以实现交通数据的集中管理和处理，使得各个部门之间的数据共享和交换变得更加便捷和高效。这样可以打破信息孤岛现象，提高数据的利用率和准确性，为交通管理部门提供更加科学和精准的决策依据。

最后，AI 大模型和云计算技术还可以共同实现智能交通系统的优化和升级。

第 11 章

展望未来：AI 大模型发展面临的挑战和未来发展趋势

AI 大模型的发展面临着一系列挑战，其中包括数据隐私保护的复杂性、内含的偏见风险、模型可解释性的缺乏、对庞大计算资源的需求，以及与现行法律法规的兼容性问题。与此同时，其发展趋势展现出对算法效率的持续优化、增强模型透明度和可解释性的努力、多模态融合学习的深入探索，以及构建完善的 AI 伦理和法规体系的迫切需求。未来，AI 大模型预计将朝着个性化、实时响应和智能化服务的方向演进，旨在更精确地满足行业需求，解决实际问题，并推动社会各领域的创新与进步。

11.1

AI 大模型发展面临的挑战

11.1.1　数据隐私和安全

在 AI 大模型的训练过程中，数据隐私和安全主要面临以下几个方面的挑战。

● 数据收集和存储。为了训练 AI 大模型，需要从各种来源收集大量的数据。这些数据可能来自用户的在线行为、社交媒体、智能设备等多种渠道。在这个过程中，如何确保数据的合法性和合规性，以及如何安全地存储和管理数据，是十分重要的问题。首先，需要明确数据的来源和获取方式，确保数据的合法性和合规性，并且要遵守相关的法律法规和行业标准。其次，需要建立完善的数据安全管理体系，其中包括数据加密、备份、恢复、销毁等多个环节，以防止数据丢失、损坏或者被非法访问和使用。

● 数据处理和分析。在对数据进行处理和分析时，需要对数据进行清洗、转换、融合等操作，以提取有用的信息和模式。然而，这个过程可能会暴露用户的敏感信息，如姓名、地址、电话号码等。如何在保证数据可用性的前提下，最大限度地保护用户隐私，是一个技术难题。

● 模型训练和优化。在训练 AI 大模型时，需要使用大量的数据来调整模型参数和优化模型性能。但是，这个过程可能需要复制数据并导致数据的扩散，增加数据泄露的风险。如何在保证模型效果的前提下，减少数据的使用和传播，是一个重要的研究方向。

为了应对这些挑战，以下是一些可能的数据隐私保护策略和方法。

● 数据脱敏和匿名化：通过将数据中的敏感信息替换为虚构的值或标识符，可以有效地保护用户隐私。这种方法可以在不牺牲数据可用性的情况下，降低数据泄露的风险。但是，使用这种方法需要注意一些细节和技巧，例如，需要选择合适的替换策略和参数，避免出现重复或关联性过强的问题；还需要考虑数据的生命周期和应用场景，例如对于长期保存和多次使用的数据，可能需要采取更严格的脱敏和匿名化措施。

● 差分隐私：这是一种数学方法，该方法通过添加随机噪声到数据中，使得即使数据集中的某个个体的信息被泄露，也无法通过泄露的信息确定该个体的身份。这种方法可以提供强大的隐私保护，并且已经被广泛应用于学术界和工业界。但是，差分隐私有一些局限性，例如可能会降低数据的精度和可用性，而且对于某些复杂的模型和任务可能难以实现。因此，需要根据具体的应用场景和需求，选择合适的差分隐私参数和算法，平衡隐私保护和数据质量之间的矛盾。

- 同态加密：这是一种密码学技术，可以在数据加密的状态下进行计算和分析，从而更好地实现数据隐私和安全保护。这种方法可以实现数据的"不可见"处理，避免数据在传输和存储过程中的泄露风险。但是，同态加密有一些技术难点和限制，例如，需要设计高效的加密和解密算法，处理大型和复杂的数据结构，以及应对各种攻击和漏洞。因此，需要结合具体的业务场景和技术条件，选择合适的同态加密方案和工具。

- 联邦学习和分布式计算：通过将数据分布在多个节点上，并在本地进行模型训练和更新，可以减少数据的集中和复制，降低数据泄露的风险。这种方法可以提高模型的效率和准确性，因为每个节点都可以使用自己的数据进行个性化训练。但是，联邦学习和分布式计算有一些挑战和难点，例如，需要解决数据异构和不一致的问题，设计有效的通信和协调机制，以及防范各种安全和隐私威胁。因此，需要不断探索和改进联邦学习和分布式计算的技术和应用，以实现更好的数据隐私保护效果和模型性能。

- 法律法规和行业标准：除了技术手段，还需要通过法律法规和行业标准来规范数据的收集、使用和保护。例如，欧盟实施的 GDPR（General Data Protection Regulation，通用数据保护条例）就是一个典型的例子，它规定了数据主体的权利和企业的责任，对数据隐私保护提出了严格的要求。但是，法律法规和行业标准需要与时俱进和适应变化，例如需要考虑到新兴技术和市场的特点、面临的挑战，以及不同国家和地区的需求和差异。因此，需要建立多元化的监管和治理机制，以及政府、企业、社会组织和个人等多个层面的参与和协作，以实现数据隐私和安全的全面和持久保障。

11.1.2　数据偏见和公平性

数据偏见和公平性是 AI 大模型发展过程中面临的一个重大挑战。

数据偏见是指在数据收集、处理和分析过程中，由各种原因（如社会结构、文化背景、技术限制等）导致的数据不完整、不准确或不公正的现象。这些偏见可能源于数据的来源、质量、样本选择、标签定义等多个方面，例如，数据集中某个群体的代表性不足、某些特征带有测量误差、标签具有主观性和歧义性等。数据偏见会导致 AI 系统的学习和决策结果偏离实际情况和预期目标，从而产生不良后果和风险。

公平性是指在 AI 系统的决策和推荐过程中，应当遵循一定的原则和标准，确保所有相关的利益方都得到公正和合理对待。这些原则和标准可能包括但不限于：非歧视性、透明度、可解释性、可控性、责任和伦理等。公平性不仅是一个技术问题，也是一个社会问题，因为它涉及人的尊严、权利和价值观念。因此，要实现公平性，AI 系统需要综合考虑多个方面的因素和影响，包括数据、算法、应用、环境和法规等。

在识别和消除数据偏见方面，以下是一些可能的方法和策略。

- 数据审查和清洗：通过对数据进行详细的审查和清洗，可以发现和纠正一些明显的偏见和错误。例如，可以通过检查数据集的分布和比例，识别出某些群体的代表性不足或过度的问题；可以通过对比不同数据源和方法的结果，评估数据的质量和可靠性；可以通过删除或修正一些异常值和噪声，提高数据的准确性和稳定性。

- 特征选择和设计：通过选择和设计合适的特征，可以减少和避免一些不必要的偏见和干扰。例如，可以选择一些与任务相关但是与敏感属性无关的特征，以降低数据的敏感性和暴露风险；可以通过组合和转换一些原始特征，增加数据的复杂性和多样性；可以通过引入一些人工或机器生成的特征，弥补数据的不足和缺失。

- 模型调整和优化：通过调整和优化 AI 大模型的参数和结构，可以改善和平衡数据的偏见和性能。例如，可以通过正则化和约束条件来限制模型的复杂性，避免模型过拟合，防止模型过度依赖某些特征或样本；可以通过集成学习和迁移学习来融合和共享多个模型和数据源的信息，提高模型的稳定性和泛化能力；可以通过对抗性训练和健壮性优化来增强模型的抗攻击和防御能力，抵御各种恶意和意外的攻击和干扰。

- 评估和监控：通过定期和持续评估与监控，可以检测和预警一些潜在的偏见与风险。例如，可以通过建立和使用一些公平性和偏见度量指标，如精度差距、召回差距、FPR（False Positive Rate，假正例率）差距等，来量化和比较不同模型和数据的效果和差距；可以通过设置和执行一些数据和模型的审计和监管机制，如数据隐私保护政策、模型可解释性和透明度要求等，来监督和规范 AI 系统的开发和运行。

在确保 AI 系统的决策公正和公平方面，以下是一些可能的原则和措施。

- 非歧视性。AI 系统的决策和推荐结果不应基于用户的种族、性别、年龄、宗教、国籍、性取向、健康状况、经济状况等敏感属性来进行歧视或区别对待。这需要在数据收集、处理和分析过程中，充分考虑到这些敏感属性的影响和作用，并采取一些有效的措施来避免它们或减轻它们的负面影响。

- 透明度和可解释性。AI 系统的决策和推荐过程应当具有足够的透明度和可解释性，以便用户和监管机构能够理解和监督其工作原理和效果。这需要在模型设计和应用过程中，采用一些易于理解和解释的模型和算法，如线性模型、决策树、规则集等，并提供一些可视化和交互式的工具和界面，如仪表盘、报告界面、问答界面等。

- 可控性和责任。AI 系统的决策和推荐过程应当具有足够的可控性和责任，以便用户和监管机构能够干预和纠正其错误和不当的行为。这需要在数据和模型的管理过程中，建立一些有效的控制和反馈机制，如数据版本控制、模型更新和回滚、用户反馈和投诉等，并制定一些明确的责任和赔偿规则，如数据泄露责任、模型误判责任、用户权益保障规则等。

- 伦理和价值观。AI 系统的决策和推荐过程应当符合一些基本的伦理和价值观，如尊重人权、保护隐私、促进公共利益、避免伤害和滥用等。这需要在 AI 系统的设计和开发过程中，充分考虑到这些伦理和价值观的影响和意义，并采取一些积极主动的措施来实现和维护它们。

11.1.3　解释性和可理解性

在 AI 大模型中，解释性和可理解性的缺失主要源于以下几个方面。

- 模型复杂性。许多 AI 大模型采用了深度神经网络、随机森林、梯度提升等复杂的机器学习算法，这些算法的决策过程往往涉及大量的参数和权重，以及非线性和非凸的优化问题，这使得模型的内部机制和逻辑难以被人类理解和解析。

- 数据复杂性。许多 AI 大模型处理的数据往往是高维、异构、动态和不确定的，这些数据的特征和模式往往需要通过复杂的转换和嵌入技术来提取和表示，这使得模型的输入和输出之间的关系难以被人类理解和预测。

- 算法黑箱。许多 AI 大模型的算法设计和实现往往依赖一些封闭和专有的软件和硬件平台，这些平台的源代码和工作机制往往不对外公开或者难以理解，这使得模型的决策过程和结果难以被外部审计和验证。

● 社会复杂性。许多 AI 大模型的应用场景和影响因素往往是多元和复杂的，包括社会文化、经济政策、法律法规、伦理道德等多个方面，这些应用场景和影响因素的交互和影响往往需要通过跨学科和跨领域的研究和合作来探索与解决。

因此，如何提高 AI 大模型的解释性和可理解性，已经成为一个重要的研究和实践课题。以下是一些可能的方法和策略。

● 可解释性建模：通过构建和使用一些具有可解释性的模型和算法，可以提高 AI 系统的透明度和可控性。例如，可以采用一些基于规则、符号、概念、因果等的知识表示和推理方法，来模拟和解释人类的认知和决策过程；可以采用一些基于注意力、可视化、简化、对比等的技术，来揭示和展示模型的内部结构和行为。

● 可解释性分析：通过对 AI 系统的决策过程和结果进行详细分析和解读，可以发现和理解其中的一些关键因素和机制。例如，通过一些基于特征重要性、局部解释、全局解释、反事实推理等的技术，来评估和比较不同特征与样本的影响和贡献；通过一些基于人机交互、案例学习、模拟实验、可视化等的工具与方法，来增强和深化用户和专家的理解与参与。

● 可解释性评估：通过对 AI 系统的解释性和可理解性进行客观和系统的评估和测试，可以确保其质量和效果。例如，可以采用一些基于公平性、透明度、可解释性、可控性等的指标和标准，来评价和比较不同模型和应用的表现和差距；可以采用一些基于用户调查、专家评审、第三方认证等的机制和流程，来监督和促进 AI 系统的改进和创新。

● 可解释性法律法规和标准：通过对 AI 系统的解释性和可理解性进行法律法规和行业标准的规范和约束，可以保障其安全和责任。例如，可以制定一些关于数据隐私、算法公平、透明度、可解释性、责任追溯等方面的法律法规和行业标准，来保护和引导 AI 系统的健康发展和社会价值的最大化。

11.1.4　算法复杂性和可扩展性

在 AI 大模型中，算法复杂性和可扩展性的挑战主要源于以下几个方面。

● 模型参数数量。许多 AI 大模型采用了深度神经网络等大规模机器学习算法，这些算法通常需要使用大量的参数来表示和优化模型的结构和权重。随着模型参数数量的增长，AI 大模型的计算和存储需求会迅速增加，导致其训练和推理过程变得更加复杂和耗时。

- 数据规模和质量。许多 AI 大模型需要处理大规模和高维度的数据集，这些数据集中往往包含大量的噪声、缺失值、异常值和冗余信息。这些因素会增加 AI 大模型的计算和存储负担，降低其训练和推理的效率和准确性。

- 任务复杂度。许多 AI 大模型需要解决一些复杂的任务，如图像识别、自然语言处理、智能推荐等，这些任务往往涉及多模态、多层次、多目标的决策和优化问题。这些任务的复杂性和不确定性会增加 AI 大模型的计算和存储负担，降低其训练和推理的稳定性和可靠性。

- 硬件和软件环境。许多 AI 大模型需要运行在高性能的硬件和软件环境（如 GPU 集群、分布式系统、云计算平台等）中。这些硬件和软件环境的复杂性和异构性会增加 AI 大模型的部署和管理难度，降低其扩展性和可用性。

因此，如何设计和优化算法，以提高 AI 大模型的性能和可扩展性，已经成为一个重要的研究和实践课题。以下是一些可能的方法。

- 模型压缩和剪枝。通过采用一些模型压缩和剪枝技术，可以减少 AI 大模型的参数数量和计算量，从而降低其算法复杂性和资源需求。例如，可以采用一些基于低秩分解、稀疏编码、量化压缩、神经网络剪枝等的方法，来简化和优化模型的结构和权重。

- 数据预处理和增强。通过采用一些数据预处理和增强技术，可以提高 AI 大模型的数据质量和可用性，从而提高其训练和推理的效率和准确性。例如，可以采用一些基于数据清洗、特征选择、降维、归一化、增强学习等的方法，来提取和表示数据的有用信息和模式。

- 算法并行化和分布式。通过采用一些算法并行化和分布式技术，可以加速 AI 大模型的训练和推理过程，从而提高其性能和可扩展性。例如，可以采用一些基于数据并行、模型并行、混合并行、参数服务器、分布式训练等的方法，来分散和协调模型的计算和通信负载。

- 系统优化和调度。通过采用一些系统优化和调度技术，可以优化 AI 大模型的硬件和软件环境，从而提高其性能和可用性。例如，可以采用一些基于资源管理、任务调度、缓存优化、网络优化、安全防护等的方法，来优化和监控系统的性能瓶颈和运行状态。

11.1.5　法律法规和伦理约束

法律法规和伦理约束是 AI 大模型发展过程中不可忽视的重要因素。随着 AI 大模型在各个领域的广泛应用，其潜在的社会、经济、法律和道德影响日益显现，引发了全球范围内的广泛关注和讨论。

从政策和法律层面来看，各国政府和监管机构已经开始认识到 AI 大模型可能带来的风险和挑战。例如，数据隐私泄露可能导致个人身份信息被泄露和滥用；算法偏见可能导致不公平的决策和歧视；决策不透明可能引发公众对 AI 大模型的信任危机；责任归属不清可能使得企业在出现事故时难以追究责任。因此，各国政府和监管机构开始制定一系列的法律法规和行业标准，旨在规范 AI 大模型的研发、使用和管理，维护公众利益和社会稳定。例如，GDPR 对数据收集、处理和使用的各个环节提出了严格的要求，强调了数据主体的权利和企业的责任，包括数据主体的知情权、访问权、更正权、删除权等，以及企业应当采取的保障数据安全和隐私的技术和组织措施。美国联邦贸易委员会（Federal Trade Commission，FTC）也发布了一系列指南和报告，探讨了 AI 在公平竞争、消费者保护、隐私权等方面的法律问题，如 AI 系统的公平性和透明性、数据使用的合法性和合理性、用户同意和选择的权利等。此外，一些国际组织和专业团体，如联合国、世界经济论坛等，也在积极推动 AI 伦理和治理的研究和实践，发布了相关的研究报告和倡议书，提出了 AI 发展的基本原则和方向。

然而，法律法规和伦理约束为 AI 大模型的发展带来了一些挑战。一方面，严格的法律法规可能会限制 AI 大模型的创新和发展，增加企业的合规成本和风险。例如，对于一些前沿和复杂的 AI 技术，现有的法律法规可能无法提供明确和具体的指导，导致企业在研发和应用中面临诸多不确定性和风险。另一方面，伦理问题的复杂性和模糊性使得 AI 大模型的设计和应用面临诸多不确定性，难以找到明确和统一的标准和解决方案。例如，如何平衡数据隐私和个人权益、如何避免算法偏见和歧视、如何确保 AI 决策的公正和透明等问题，都需要跨学科和跨领域的专家和利益相关者共同探讨。

因此，如何在遵守法律法规和伦理要求的同时推动 AI 大模型技术的进步，是一个需要综合考虑技术和政策、法律和道德、短期和长期等多个维度的挑战。以下是一些可能的策略和建议。

- 建立全面的 AI 伦理框架。企业、研究机构和政府部门应共同参与建立一套全面、可行和具有前瞻性的 AI 伦理框架，涵盖数据隐私、算法公平、透明度、责任归属、人机协作等多个方面，为 AI 大模型的研发和使用提供指导和约束。这个框架应该基于科学和人文的双重视角，充分考虑到各种利益相关者的权益和需求，同时也要具有一定的灵活性和适应性，以应对未来可能出现的新情况和新问题。

- 推动法律法规和行业标准的协调和统一。由于各个国家和地区在法律制度、文化背景、技术水平等方面存在差异，因此需要加强国际合作和对话，推动法律法规和行业标准的协调和统一，减少市场的碎片化和不确定性。这需要建立一个全球性的合作机制和平台，促进各个国家和地区的交流和合作，共享经验和资源，共同制定和实施相关的法律法规和行业标准。

- 提高 AI 大模型的透明度和可解释性。通过采用可解释性建模、可视化分析、案例学习等方法，提高 AI 大模型的透明度和可解释性，增强用户的信任和接受度，降低法律和道德风险。这需要企业在设计和开发 AI 大模型时，充分考虑到人类的认知和行为特点，采用一些易于理解和控制的界面和工具，让用户能够更好地理解和参与到 AI 大模型的决策和反馈过程中。

- 建立有效的风险管理机制。企业应建立一套有效的风险管理机制，包括数据安全、隐私保护、算法审计、应急响应等多个环节，以预防和应对 AI 大模型可能出现的风险和问题。这需要企业具备一定的技术能力和管理经验，同时也需要与外部的专业机构和政府部门进行密切的合作和沟通，共同维护 AI 大模型的安全和稳定性。

- 加强公众教育和提高公众参与度。通过开展公众教育等活动，提高公众对 AI 大模型的理解和认识，增强其参与和监督 AI 大模型建设的能力和意愿，促进 AI 大模型的健康发展和公正应用。这需要企业和社会各界共同努力，提供一些通俗易懂和生动有趣的教育资源和平台，让公众能够了解和体验 AI 大模型的各种应用场景和价值，同时也能表达和反馈自己的意见和诉求。

11.2
AI 大模型未来发展趋势

11.2.1　多模态 AI 大模型

随着人工智能技术的不断发展，AI 大模型已经成为目前最受关注的领域之一。尤其是在自然语言处理领域，AI 大模型已经取得了一系列令人瞩目的成果，如 GPT-4、BERT 等。但是，AI 大模型并不局限于自然语言处理领域，未来将会涉及图像、声音、视频等多模态数据。

多模态 AI 大模型是指同时处理多种不同类型数据的 AI 大模型。这些数据可以是图像、声音、视频等多模态数据。未来的 AI 大模型将会更加全面、多样化，并能够更好地处理各种类型的数据。这将使得 AI 大模型在更广泛的应用场景中发挥作用，如图像、声音和视频等领域。

- 在图像领域，多模态 AI 大模型可以通过对图像进行分析和识别，完成图像分类、目标检测、图像分割等任务。例如，多模态 AI 大模型可以对图像中的物体进行识别和分类，并且根据图像中的物体进行场景理解和语义分析。这将使得 AI 大模型在计算机视觉方面的应用更加广泛，包括智能安防、智能交通等领域。

- 在声音领域，多模态 AI 大模型可以通过对声音进行分析和识别，实现语音识别、语音合成、情感识别等任务。例如，多模态 AI 大模型可以通过对声音进行分析和识别，实现在智能客服、智能家居等领域的应用。

- 在视频领域，多模态 AI 大模型可以通过对视频进行分析和识别，实现视频内容的理解和推理。例如，多模态 AI 大模型可以通过对视频中的物体、人物、场景等进行识别和分类，实现视频内容的理解和推理。同时，多模态 AI 大模型也可以结合图像和声音进行联合分析。

11.2.2　自我学习 AI 大模型

未来的 AI 大模型将具备自我学习和自我进化能力，这将标志 AI 技术的一次重大飞跃。自我学习和自我进化是 AI 大模型的一种高级形式，它使得 AI 能够更加智能化，并能够进行自适应和自我优化，从而更好地适应不同的场景和任务。传统的 AI 大模型往往需要人类专家来设计和调整算法参数，以完成特定的任务和达到特定的性能指标。然而，这种依赖人类专家的方法存在一些局限性，如需要大量的数据和计算资源、难以适应变化的环境和任务等。

相比之下，自我学习和自我进化的 AI 大模型则具有更强的自主性和灵活性。自我学习是指 AI 大模型能够在没有明确指导的情况下，通过与环境的交互和反馈，自动地学习和改进其行为和策略。自我进化则是指 AI 大模型能够在长期的运行和迭代过程中，逐渐改变和优化其结构和参数，以适应新的任务和环境。

在自然语言处理领域，自我学习和自我进化的 AI 大模型已经开始展现出其强大的潜力优势。例如，通过深度强化学习和元学习等方法，AI 大模型可以自动地进行学习并优化其语言生成和理解能力，无须人工设计复杂的规则和模板；此外，通过持续地收集和分析用户反馈和行为数据，AI 大模型还可以自我调整和优化其推荐算法和搜索算法，以提供更精准和个性化的服务。

在计算机视觉和机器人等领域，自我学习和自我进化的 AI 大模型正在取得突破性的进展。例如，通过模仿学习和无监督学习等方法，AI 大模型可以自动地学习和模仿人类的行为和技能，无须使用精确的传感器和控制器；此外，通过演化算法和神经网络架构搜索等方法，AI 大模型还可以自我设计和优化其神经网络结构和参数，以达到更高的精度和效率。

除了上述应用以外，自我学习和自我进化的 AI 大模型还有许多潜在的应用场景和挑战。例如，在自动驾驶和无人机领域，如何让 AI 大模型在复杂和动态的环境中自主地学习和决策，以保证安全和高效；在医疗诊断和治疗领域，如何让 AI 大模型在缺乏标注和不确定的数据中自我学习和优化，以提高准确性和可靠性。

为了实现自我学习和自我进化的 AI 大模型的全面发展和应用，我们需要解决一系列技术和非技术问题。从技术角度来看，需要研究和开发更加高效和灵活的学习和进化算法，以克服自我学习和自我进化中的难题，避开其中的陷阱；此外，还需要优化和扩展现有的计算资源和算法框架，以应对大规模和高复杂度的自我学习和自我进化任务。

从非技术角度来看，需要关注和解决自我学习和自我进化的 AI 大模型的社会和伦理问题，如数据隐私、算法公平、人类价值观等。具体的问题包括如何保护用户的个人隐私和数据安全，避免自我学习和自我进化过程中的数据泄露和滥用；如何消除和纠正自我学习和自我进化中的偏见和歧视，确保算法决策的公正和透明；如何在尊重和保护人类价值观的同时，利用 AI 技术推动社会进步和发展。

11.2.3 联邦学习 AI 大模型

在未来，人工智能的发展趋势将越来越倾向于采用联邦学习的方式来训练 AI 大模型。这种新型的训练方式打破了传统的集中式训练方式，使得多个 AI 大模型能够在各自的本地环境中进行独立训练，然后将各自的模型参数上传到云端进行整理和聚合，最终形成一个更为强大、全面且具有广泛适用性的 AI 大模型。在传统的集中式训练方式中，所有的数据都需要集中到一个中心节点，这个过程可能会引发一系列问题。例如，数据的集中处理可能会导致隐私泄露、数据安全等问题，特别是在处理敏感信息时，这些问题尤为突出。此外，大规模的数据传输和处理也会消耗大量的计算资源和网络带宽，这对于硬件设备的要求极高，同时也增加了能源消耗和环境压力。

相比之下，联邦学习提供了一种更为灵活、安全和高效的训练方式。在联邦学习中，每个参与训练的节点（如智能手机、边缘设备、企业服务器等）都可以在本地存储和处理自己的数据，从而避免了数据的集中处理和传输。每个节点使用自己的数据来训练 AI 大模型，并生成一组反映该节点数据特性和规律的模型参数。这些模型参数会被加密并上传到云端的聚合服务器上，保障了数据安全和隐私。

在云端，聚合服务器接收到所有节点上传的模型参数，并对其进行复杂的数学和算法处理，如平均、梯度下降、优化等。通过这些处理，服务器可以基于各个节点的模型参数形成一个统一的大模型。这个大模型不仅包含所有节点的数据信息，还能够更好地泛化到新的数据和任务上，提高模型的准确性和健壮性。

联邦学习的这种分布式训练和聚合的方式有以下几个显著的优点。

- 能够实现隐私保护。由于每个节点都在本地处理和存储数据，因此可以有效地避免数据的集中处理和传输，降低了隐私泄露和数据安全方面的风险。同时，加密技术和差分隐私等技术的应用，进一步增强了数据的安全性。

- 计算效率高。由于每个节点只需要处理自己的数据，因此可以大大减少数据传输和处理的开销，提高训练的效率和速度。此外，联邦学习还可以利用异步通信和并行计算等技术，进一步提升训练的速度和性能。

- 模型性能强。由于联邦学习可以聚合多个节点的模型参数，因此可以构建出更加全面、准确和健壮的 AI 大模型。这种模型不仅具有更强的泛化能力和适应性，而且可以应对各种复杂和变化的任务和环境。

- 能够实现合作共赢。联邦学习鼓励多个节点之间的合作和共享，这使得每个节点都可以从其他节点的数据和模型中受益，实现了数据和知识的共享和增值。这种方式不仅可以提高模型的性能和效果，还可以促进社区和行业的发展和创新。

未来的 AI 大模型将越来越多地采用联邦学习的方式来训练和优化。这种方式不仅可以解决传统集中式训练方式的一些问题和挑战，还可以推动人工智能向着更加开放、协作和普惠的方向发展。随着技术的不断进步和应用的不断扩大，我们期待看到更多的创新和突破出现在这个领域中，为人类社会带来更大的福祉和进步。

11.2.4　可解释性 AI 大模型

未来的 AI 大模型将更加注重可解释性和可视化，这是一个重要的发展趋势，旨在提升人工智能的透明度、可信度和可靠性。随着 AI 技术在各个领域的广泛应用，人们对 AI 决策过程的理解和控制需求越来越高。因此，构建可解释性 AI 大模型成为当前研究和实践的重要方向。

在传统的 AI 大模型中，模型的决策过程往往是黑箱操作，用户无法了解模型是如何从输入数据推导出输出结果的。这种黑箱特性使得 AI 大模型的决策过程缺乏透明度和可解释性，容易引发用户的质疑和不信任。特别是在一些高风险和敏感的应用场景（如医疗诊断、金融风控、法律判决等）中，模型的决策错误可能会带来严重的后果和影响。相比之下，可解释性 AI 大模型则提供了一种更为开放和透明的决策过程。在可解释性 AI 大模型中，研究人员和开发者通过各种技术和方法，如特征重要性分析、局部解释、规则提取、可视化等，来揭示模型的决策过程和逻辑。这些技术和方法可以帮助用户理解模型是如何处理和利用数据的，以及哪些因素对模型的决策产生了关键影响。

可解释性 AI 大模型的价值和意义体现在以下几个方面。

- 提高透明度和可信度。通过揭示模型的决策过程和逻辑，用户可以更好地理解和接受模型的决策结果，从而提高模型的透明度和可信度。这有助于建立用户对 AI 的信任和信心，促进 AI 在各个领域的应用和推广。特别是在一些涉及公共利益和社会责任的应用场景（如政策制定、教育评估、环保监测等）中，可解释性 AI 大模型可以提供有价值的参考和依据，帮助决策者做出更明智和公正的决策。

- 改进模型性能和优化模型。通过对模型的解释和分析，研究人员可以发现和修复模型的缺陷和错误，改进模型的性能和优化模型。此外，对模型的解释和分析可以提供有价值的反馈和指导，帮助开发者调整和优化模型的设计和参数。例如，通过特征重要性分析，研究人员可以发现模型对某些特征的过度依赖或忽视，从而调整特征的选择和权重；通过局部解释，研究人员可以发现模型在某些特定情况下的决策错误或异常，从而优化模型的决策边界和规则。

● 保障公平和公正。在一些涉及人权和社会正义的应用场景中，可解释性 AI 大模型可以帮助检测和防止模型的偏见和歧视，保障公平和公正。例如，通过分析模型的特征权重和决策规则，研究人员可以发现和纠正模型对某些群体的不公平对待和歧视。这对于维护社会公正、和谐具有重要的意义与价值。

11.2.5　超大规模 AI 大模型

未来的 AI 大模型将会呈现出更加庞大、复杂、高效的特点，这是人工智能技术发展的必然趋势。随着数据量的爆炸式增长和应用场景的不断扩展，AI 大模型需要处理的信息和任务越来越复杂和多样化，这要求我们构建更为强大、智能和高效的超大规模 AI 大模型。

超大规模 AI 大模型的构建需要更加强大的计算和存储能力来支持。传统的计算和存储设备已经无法满足大规模模型训练和推理的需求，因此我们需要开发和采用更为先进的硬件技术和架构。例如，GPU、TPU 等高性能处理器可以提供强大的并行计算能力，加速模型的训练和推理速度；分布式存储和计算系统可以实现数据的高效管理和处理，降低模型的延迟和错误率。此外，边缘计算和雾计算等新型计算模式可以将计算和存储资源分布到网络边缘和终端设备上，提高了模型的实时性和响应性。

超大规模 AI 大模型的构建和应用将带来一系列挑战和机遇。

一方面，模型的高复杂性和超大规模可能会导致训练和推理的时间和成本增加，同时也可能引发一些技术问题和风险，如过拟合、梯度消失、计算瓶颈等。为了应对这些挑战，我们需要不断地进行算法和架构的优化和改进，同时也要注重模型的可解释性和可靠性，确保其决策过程和结果的透明和可信。例如，我们可以采用正则化、Dropout、早停等技术来防止过拟合，使用动量、Adam 等优化器来加速和稳定训练过程，使用模型压缩和量化等技术来减少模型的计算和存储开销。

另一方面，超大规模 AI 大模型将带来巨大的社会和经济价值。例如，在医疗健康、自动驾驶、金融风控、智慧城市等领域，AI 大模型可以提供更为精准和个性化的服务和解决方案，帮助人们解决实际问题。通过大数据分析和预测，AI 大模型可以发现和预防疾病的风险和趋势，提高医疗服务的质量和效率；通过视觉识别和感知，AI 大模型可以实现自动驾驶的安全和舒适，减少交通事故和拥堵；通过信用评估和风险管理，AI 大模型可以降低金融欺诈和违约的风险，保障金融市场的稳定和公平；通过城市规划和管理，AI 大模型可以实现智慧城市的可持续和宜居，提高人们的生活质量和环境。同时，AI 大模型也可以推动科学研究和技术创新的发展，为人类探索未知世界和未来发展方向提供新的视角和工具。

　　未来的 AI 大模型将会变得更加庞大、复杂、高效，这需要我们在硬件、算法和架构等多个层面进行持续的研发和创新。只有通过不断探索和实践，才能真正发挥 AI 大模型的潜力和价值，推动人工智能技术走向更高、更快、更强的发展阶段。同时，我们也需要注意和防范 AI 大模型可能带来的伦理、法律和社会问题，确保其发展和应用符合人类的价值观和利益。例如，我们需要保护用户的隐私和数据安全，避免模型的偏见和歧视，维护社会的公正与和谐。通过建立和完善相关的法律法规和行业标准，我们可以引导和监管 AI 大模型的健康发展，为其创造更多的发展机遇和更大的发展空间。

　　总之，未来的 AI 大模型将会更加全面、智能化、自适应、可解释、可靠、高效，从而为各种应用场景和领域带来更多的发展机会。这是一场数字经济时代的生产力革命，将持续创造伟大的新时代！

参考文献

[1] 赵晨. 阿里云通义听悟：AI 大模型化身工作生活好帮手 [N]. 中国电子报，2023-12-26（06）.

[2] 王玉晴. 盘古大模型生态构建需多方合力 [N]. 上海证券报，2023-12-22（06）.

[3] 白杨. 谷歌大模型终于迈开大步 Gemini 对决 GPT-4[N]. 21 世纪经济报道，2023-12-08（06）.

[4] 李洋. 大模型为"AI+ 医疗"带来新机遇 [N]. 中国高新技术产业导报，2023-11-13（03）.

[5] 李德欣，阳娜. AI 大模型加速汽车智能迭代 [N]. 经济参考报，2023-11-03（06）.

[6] 袁璐. 国产大模型进入成长关键期 [N]. 北京日报，2023-10-26（08）.

[7] 杨清清. 星火大模型再迭代 商业回报周期待考 [N]. 21 世纪经济报道，2023-10-26（06）.

[8] 杨光. AI 大模型正成为新型工业化的重要推动力 [N]. 中国信息化周报，2023-10-23（10）.

[9] 金凤. 医药大模型：复刻生理功能 评估药物反应 [N]. 科技日报，2023-10-09（12）.

[10] 齐旭. 大模型叩响工业大门 [N]. 中国电子报，2023-08-04（08）.

[11] 彭思雨. AI 大模型将推动教育行业变革 [N]. 中国证券报，2023-07-27（06）.

[12] 贾天荣. 携程发布首个旅游行业垂直大模型 [N]. IT 时报，2023-07-21（08）.

[13] 雷霁. AI 赋能 打开旅游业无限可能 [N]. 云南经济日报，2023-07-20（06）.

[14] 马闪闪，梁熙明. 大模型＋交通，将迸发出怎样的火花？[N]. 中国交通报，2023-09-07（06）.

[15] 彭先涛，王鹏. 人工智能大模型在工业机器人领域的规划及探索 [J]. 智能制造，2023（06）：38-41.

[16] 张振乾，汪澍，宋琦，等. 人工智能大模型在智慧农业领域的应用 [J]. 智慧农业导刊，2023，3（10）：9-12.

[17] 吴文昊，顾维玺，陈超. 通用大模型将成为工业互联网赋能制造业又一利器 [J]. 通信世界，2023（14）：34-35.

[18] 周鸿祎. AI 大模型：新工业革命的驱动力和中国发展的新机遇 [J]. 新经济导刊，2023（03）：41-46.

[19] 吴砥，李环，陈旭. 人工智能通用大模型教育应用影响探析 [J]. 开放教育研究，2023，29（02）：19-25.

[20] 陈露，张思拓，俞凯. 跨模态语言大模型：进展及展望 [J]. 中国科学基金，2023，37（05）：776-785.

[21] 卢宇，余京蕾，陈鹏鹤，等. 多模态大模型的教育应用研究与展望 [J]. 电化教育研究，2023，44（06）：38-44.

[22] 李振华，倪丹成，徐润. ChatGPT 背后的人工智能大模型的技术影响及应用展望 [J]. 中国外汇，2023（06）：7-11.

[23] 陈露菡. ChatGPT 赋能新闻业高质量发展的未来图景 [J]. 传媒，2023（22）：40-42.

[24] 贺芳 . 人工智能生成内容的发展趋势、风险与善治 [J]. 科技创业月刊, 2023, 36（12）: 104-108.

[25] ROMERO G E, STEWART C. AI-Driven Validation of Digital Agriculture Models[J]. Sensors, 2023, 23（03）: 1187.

[26] CHANG C H, KIDMAN G.The Rise of Generative Artificial Intelligence（AI）Language Models-Challenges and Opportunities for Geographical and Environmental Education[J]. International Research in Geographical and Environmental Education, 2023, 32（02）: 85-89.

[27] PLATT S K, BLOCK M P. Adopting a Dynamic AI Price Optimisation Model to Encourage Retail Customer Engagement[J]. Journal of AI, Robotics & Workplace Automation, 2023, 02（02）: 184-195.

[28] THAMIZHAZHAGAN P, SUJATHA M, UMADEVI S, et al. AI Based Traffic Flow Prediction Model for Connected and Autonomous Electric Vehicles[J]. Computers, Materials & Continua, 2022, 70（02）: 3333-3347.

[29] KANTOR J. Best Practices for Implementing ChatGPT, Large Language Models, and Artificial Intelligence in Qualitative and Survey-Based Research[J]. JAAD International, 2024, 14: 22-23.

[30] JOOST C W, DIMITRA D, ARNO H S. ChatGPT in Education: Empowering Educators through Methods for Recognition and Assessment[J]. Informatics, 2023, 10（04）: 87.